仿生材料

设计与合成

Biomimetic
Materials:

Design and Synthesis

梁云虹
马悫倩
刘子睿 等 著

U0392973

化学工业出版社

·北京·

内 容 简 介

仿生材料是通过学习、模仿和优化自然界生物材料的结构与功能，开发出的新一代材料，具有性能优于传统人工材料、可更好服务于人类等特点。仿生材料的研究将自然界材料的结构和功能协同互补有机结合，为解决现有科学技术难题提供了新思路、新理论和新方法。

本书共分 9 章，系统阐释了仿生材料的研究内容与研究意义、可供模仿的材料模本、仿生材料的设计理念与基本要素，重点介绍了各类仿生材料的研究热点、设计原则、应用领域。本书具有系统性、前沿性、创新性和趣味性，特别是书中详述的大量生动实例和最新研究进展，将会让读者收获颇丰。

本书可作为仿生科学与工程、材料科学与工程、化学、生物工程、机械工程等专业的教师、本科生、研究生的教学或科学研究参考书，也可供相关学科专业的研究人员、技术人员和管理人员参考。

图书在版编目（CIP）数据

仿生材料：设计与合成 / 梁云虹等著. --北京：化学工业出版社，2024. 11. -- ISBN 978-7-122-46334 -0

Ⅰ. TB39

中国国家版本馆 CIP 数据核字第 2024U33T60 号

责任编辑：严春晖　张海丽

责任校对：宋　玮　　　　　装帧设计：刘丽华

出版发行：化学工业出版社
　　　　　（北京市东城区青年湖南街 13 号　邮政编码 100011）
印　　装：大厂回族自治县聚鑫印刷有限责任公司
710mm×1000mm　1/16　印张 14¼　字数 273 千字
2025 年 1 月北京第 1 版第 1 次印刷

购书咨询：010-64518888　　　　售后服务：010-64518899
网　　址：http://www.cip.com.cn
凡购买本书，如有缺损质量问题，本社销售中心负责调换。

定　　价：128.00 元　　　　　　　　版权所有　违者必究

材料是人类赖以生存和发展的物质基础。 20 世纪 70 年代，人们把信息、材料和能源誉为当代文明的三大支柱，材料与国民经济建设、国防建设、人民生活密切相关。仿生材料指模仿生物的各种特点或特性而开发的材料。进入 21 世纪以来，仿生材料的体系和内涵不断扩大，突出的特点是仿生学与材料科学紧密结合、基础研究与应用研究紧密结合。研究仿生材料的重要科学意义在于，它将自然界经过长期进化形成的材料结构与功能，通过学习、模仿和优化，转化为性能优于传统人工材料、可更好服务于人类的新一代材料。仿生材料的研究将自然界材料的结构-功能协同互补有机结合，在生物学和技术之间架起了一座桥梁，实现认识自然、模仿自然、超越自然的目标，为科学技术创新提供了新思路、新理论和新方法，对解决现有技术难题提供了助力。然而，一直以来，国内缺乏对仿生材料进行系统性介绍的学术性书籍，而适用于高等院校和科研机构人才培养的材料仿生学教学用书也少见。鉴于此，我们撰写了本书。

本书著者从事仿生材料研究已 20 余载，也担负着硕士生、博士生的指导与教学任务。 2005 年，吉林大学设立了仿生科学与工程硕士学位点和博士学位点， 2019 年，吉林大学设立了仿生科学与工程新工科本科专业，并开设了多门有关仿生材料的本科生、研究生课程，其中"材料仿生学""仿生智能材料""仿生制造基础"由我们承担，但一直未有正式的书面教材。

本书由梁云虹构思，拟订全书章节纲目，提供积累的相关资料，并对全书进行了统稿、修改、补充与完善；全书由梁云虹、马愫倩、刘子睿与李依凡共同执笔。

本书从仿生材料入手，试图对仿生材料的设计理念、功能结构、前沿进展尽可能做全面介绍。第 1 章概述了材料仿生学的定义、研究内容与研究意义等。第 2 章呈现了自然界中可供人类模仿的材料模本，包括生物材料、生境材料、生活材料等。第 3 章着重讲解材料仿生设计的基本理念与要素，包括材料成分与结构仿生设计、材料形成过程仿生设计、生物质仿生设计、能量传递仿生设计等，这是制备高性能仿生材料的基础。第 4 章聚焦仿生材料的研究热点和前沿，如仿生超材料、仿生石墨烯材料、仿生活性材料等。第 5 章~第 8 章分别阐述了仿生复合材料、仿生结构材料、仿生功能材料、仿生智能材料的设计原则及应用。第 9 章为结论与展望。本书具有以下特点：

① 系统性　围绕仿生材料的基本特性，系统讲述了仿生材料的基本概念、基本理论、设计要素、制备方法、研究实例，也阐明了材料仿生学在不断深化、不断扩展的过程中，已发展成为脉络清晰、纵横交融、多学科交叉的新兴学科。

② 前沿性　本书引用 Nature、 Science、 PNAS 等国际著名期刊最近发表的许多研究实例，介绍了仿生材料的热点研究领域和最新研究成果，展现了仿生材料多学科交叉前沿研究的惊人进展。

③ 创新性　在介绍仿生材料研究进展的基础上，本书通过人工材料与生物材料多个方面的大量比照分析，阐明了自然是人类之师，人类一定要向自然学习。这一创新性的编排将会使读者受到启发。

④ 趣味性　本书有意识地引入大量实例，不仅有仿生的经典范例和近年来的研究成果，更有生物和大自然才智的精彩展现，目的是激发人们对大自然的敬畏和热爱，引导读者对仿生的兴趣、关注与参与。

本书将科普与专业相结合，可作为仿生科学与工程、材料科学与工程、化学、生物工程、机械工程等专业的研究生和大学本科高年级学生的教学用书，以及从事该领域相关研究的技术人员的参考书，亦可作为科学爱好者的科普读物。如果本书能够引起广大读者对仿生材料的兴趣，我们将倍感欣慰！

本书在撰写过程中参阅和引用了国内外相关文献资料，在此，向所有原作者表示感谢，同时，向关心、支持本书著述、出版的专家、学者和同事谨致谢意。

鉴于仿生材料领域发展快、应用广，几乎每天都有新进展和新成果，因此在内容上可能会有考虑不周或遗漏之处。此外，限于著者学识与精力，书中难免会有疏漏与不足之处，恳请读者批评指正！

著　者

目录

第 9 章
结论与展望

215

第 1 章

材料仿生学概述

在现代文明的各个领域，仿生材料发挥着巨大的作用，尤其是社会生产领域，仿生材料的每一次重大革新和进步，都使人类社会文明向前迈进一步。现今，材料仿生学正引领着一次又一次的技术创新，一批又一批具有优异特性的仿生材料正在潜移默化地改善人类的生活。那么，什么是仿生材料？材料仿生学的含义是什么？为什么要研究材料仿生学？材料仿生学的研究内容有哪些？本章将予以回答。

1.1 材料仿生学含义

仿生学是一门既古老又年轻的学科。人们研究生物体的结构与功能工作的原理，并根据这些原理发明出新的设备、工具和科技，创造出适用于生产、学习和生活的先进技术。"仿生学"一词是 1960 年由美国学者杰克·埃尔伍德·斯蒂尔（Jack Ellwood Steele）提出，由拉丁文"bios（生命方式的意思）"和字尾"nlc（'具有……的性质'的意思）"而构成。这个词大约从 1961 年才开始使用。某些生物具有的功能迄今比任何人工制造的机械都优越得多，仿生学就是要在工程上实现并有效地应用生物功能的一门学科。

向自然学习是创新思想的源泉，对于和人类生活息息相关的材料来讲，向自然学习也是创造新材料和新器件的重要途径。自然界中的生物经过长期进化与优化，形成能够适应环境变化，有效生存与发展的生命载体，其材料结构与功能已近乎完美[1,2]。例如，贝壳的珍珠层 95% 都是碳酸钙，剩下 5% 是有机物，其高度有序的"砖-泥"（brick-and-mortar）微观结构使得珍珠层同时具有出色的强度和韧性 ［图 1-1（a)][3]。蜘蛛丝兼具独特的高强度、高弹性和高断裂功等力学性能，同时还具有良好的可降解性和生物相容性，得益于其内部精巧细密的蛋白质分子链结构，这些蛋白质分为两种类型：结晶区和非结晶区。结晶区是由多个氨基酸重复排列而构成的有序结构，它们之间通过氢键连接，形成了类似于锯齿状的链条；非结晶区是由不同类型和不同排列顺序的氨基酸组成的无序结构，它们之间通过范德瓦耳斯力连接，形成了类似于弹簧状的链条；这两种类型的链条交替排列，形成了复杂而精密的层次结构，如图1-1（b）所示[4]。

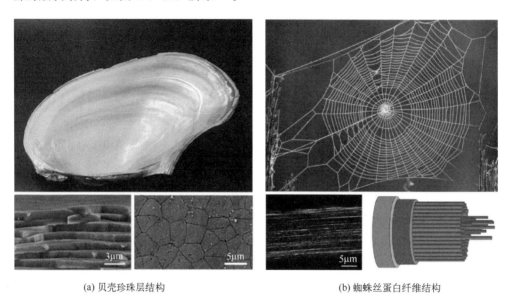

(a) 贝壳珍珠层结构　　　　　　　　　　　　　(b) 蜘蛛丝蛋白纤维结构

图1-1　自然界中具有精妙结构的天然生物材料

仿生材料是指模仿生物的各种特点或特性而开发的材料[5]。材料仿生学，是研究仿生材料的学科，具体来讲，是受自然万物各种材料特性与独特功能启发，从分子水平上研究生物材料的结构特点、构效关系，设计制造类似或优于天然生物材料的新材料、新器件的科学。材料仿生学是仿生学的重要分支，是生物学、物理学、化学以及材料学等学科的交叉与融合，因此近年来得以迅速崛起与飞速发展。

1.2　材料仿生学研究内容

地球上所有生物都是由理想的无机或有机材料通过组合而形成的，如纤维素、木质素、甲壳质、蛋白质和核酸等。从材料学的观点来看，生物仅仅利用极少的几种材料所制造的细胞、纤维乃至各种器官，却能够发挥多种多样的功能，简直不可思议。在高分子化学的世界里，人类已经制造出了聚乙烯、聚氯乙烯、聚碳酸酯、聚酰胺等人工材料，具有多种多样的功能。但是，人类所创造的材料与自然界生物体的构成材料还有很大的不同。例如，海鳗的发电器瞬间可以发出800V的电压，足以电死一头大象，但是它的发电器不是金属等导电器材，而是蛋白质的分子集合体；生活在深海的软体动物，其身体也是由细胞材料所构成，但是却可承受很高的海水压力而自由地生存着。这些例子说明，许多生物体的某些构成材料是我们完全不知道的，这些材料大多在常温常压条件下形成，但能发挥出特有的性能。当人类对这些生物现象有了充分的理解之后，把它们应用于材料科学技术方面，就形成了材料仿生学。

在材料科学领域，人类从最初仅会使用天然生物材料逐渐发展到会利用仿生原理研发新型材料。如今，越来越多的科学家开始着眼于从大自然找寻研究新材料的灵感，尤其是随着高分辨率表征技术的发展，科学家们越来越多地关注天然材料，甚至从熟悉、司空见惯的生物材料中发现令人不可思议的成分特性或微观结构特征等，这些发现推动了仿生材料的研究进程，越来越多具有卓越机械、力学性能和生物相容性的仿生材料应运而生。这些仿生材料的出现可以大大改善或提升传统工程材料的性能，进而推动未来工程材料领域的发展。

因此，材料仿生学的研究内容以阐明生物体的材料构造与形成过程为目标，用生物材料的观点来思考人工材料，从生物功能的角度来考虑材料的设计与制作。从材料学的角度可以把材料仿生分为几大方面：成分和结构仿生、过程和加工制备仿生、功能和性能仿生。

（1）成分和结构仿生

地球上所有生物都是由无机成分和有机成分组合而成的，由糖、蛋白质、矿物质、水等基本物质有机组合在一起，形成了具有特定功能的生物复合材料。此外，自然进化使得生物复合材料具有最合理、最优化的宏观、细观、微观结构，在比强度、比刚度与韧性等综合性能上均为最佳水平。通过学习和模仿生物材料的成分和结构所制备的仿生材料，可获得类似生物材料的特性。

中国科学院材料力学行为和设计重点实验室骆天治教授团队与武汉大学王正直副教授、张作启教授合作，研究了具有防御功能的螳螂虾尾刺（矛）和寄居蟹左螯（盾），如图 1-2 所示[6,7]。综合利用多种实验手段揭示了从纳米尺度到厘米尺度的化学梯度、微观结构和力学性能之间的相关性，并通过有限元分析和 3D 打印技术确认了两种结构中的增韧机制和结构优化原理。壁虎的脚掌长有大量的刚毛，每根刚毛的末端都有很多细小的绒毛分支，这是壁虎得以爬上光滑的墙壁甚至玻璃的原因。南京航空航天大学戴振东教授团队依据壁虎脚掌的刚毛结构，制造了仿壁虎黏

(a) 螳螂虾的光学图像　　　　(b) 尾节、尾足和尖刺的光学图像　　(c) 尖刺微观CT的
　　　　　　　　　　　　　　　　　　　　　　　　　　　　　　　　三维重建图像

图 1-2

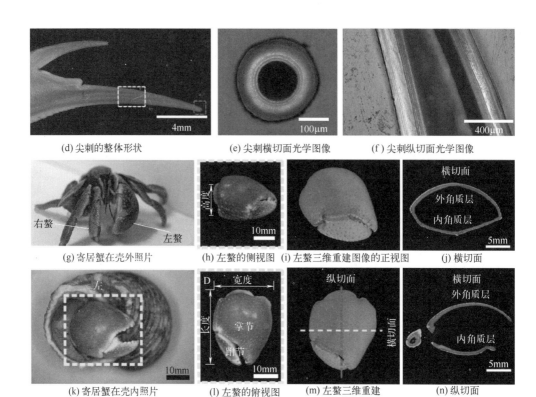

(d) 尖刺的整体形状   (e) 尖刺横切面光学图像   (f) 尖刺纵切面光学图像

(g) 寄居蟹在壳外照片   (h) 左螯的侧视图   (i) 左螯三维重建图像的正视图   (j) 横切面

(k) 寄居蟹在壳内照片   (l) 左螯的俯视图   (m) 左螯三维重建图像的俯视图   (n) 纵切面

图 1-2 螳螂虾尾刺和寄居蟹左螯结构

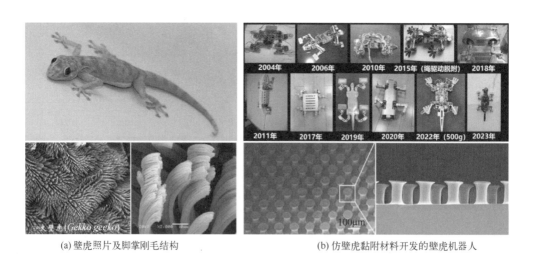

(a) 壁虎照片及脚掌刚毛结构   (b) 仿壁虎黏附材料开发的壁虎机器人

图 1-3 受壁虎脚掌黏附性启发的爬壁机器人

附材料，经过 20 多年的研究，做出了一系列壁虎机器人，于 2023 年开发的壁虎机器人，无论在粗糙或光滑的表面都可以运动，可以在垂直的墙面上运动，甚至还可以在天花板上运动，如图 1-3 所示[8]。

（2）过程和加工制备仿生

自然界生物材料的制造过程是数十亿年进化和自然选择的结果，可以在室温完成结构形成过程，得到独特的微结构和优异的性能，如贝壳、牙齿、骨头等。自然界生物材料精妙的生物制造过程值得人类学习，从而发展材料的新制备技术。为此，生物过程启示的制备技术（bioprocessing-inspired fabrication）亦称材料过程仿生制备技术，正作为一个新的研究方向，吸引着越来越多的研究人员对其进行深入探讨。过程和加工制备仿生的主要思想和方法是："从生物制造过程，或者生物制造过程与生物结构的关系中得到启示和灵感，发展材料的合成与制备新技术"[9]。

如前文所述，贝壳的珍珠层具有高度有序的"砖-泥"微结构，使其同时具有出色的强度和韧性。尽管已有不少仿珍珠层的复合材料被报道，但制备方法通常比较复杂，所需条件比较严格，没有模拟天然贝壳的矿化生长过程，难以实现宏观尺度块状材料的制备。中国科学技术大学俞书宏教授课题组报道了一种全新的仿生策略，通过介观尺度的"组装与矿化"，在预先制备的层状有机框架上进行矿化生长，模拟软体动物体内珍珠层的生长方式和控制过程，成功制备了毫米级厚度的珍珠层结构块状材料，如图 1-4 所示[3]。所得人工材料的化学组成和多级有序结构与天然

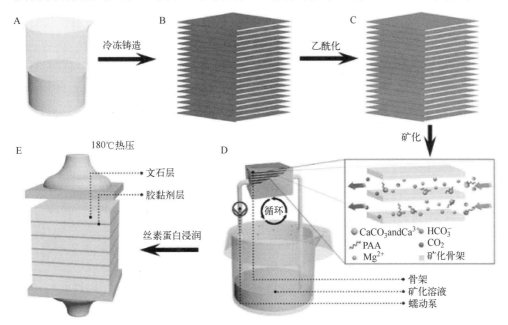

图 1-4　人工合成贝壳珍珠层的仿生新策略

A—壳聚糖溶液；B—取向冻干法制备层状结构壳聚糖框架；C—乙酰化后得到几丁质框架；

D—流动矿化法生长碳酸钙晶体；E—蚕丝蛋白浸渍及热压

珍珠层高度相似，极限强度和断裂韧性也可与其相提并论。

此外，天然骨骼的形成也是一个典型的生物制造过程。矿化胶原纤维是骨骼的基本构造单元，羟基磷灰石在胶原纤维内部取向合成，形成特殊结构使得骨骼具有优异的力学与功能特性。受骨骼结构形成过程的启发，武汉理工大学傅正义院士团队设计了胶原纤维内限域合成与原位研究实验系统，以具有胶原纤维连续定向排列的肌腱组织为基础，实现了碳酸锶晶体在胶原纤维内部的合成，证实合成产物产生兆帕级的收缩应力，制备出预应力复合微管，如图1-5所示[10]。

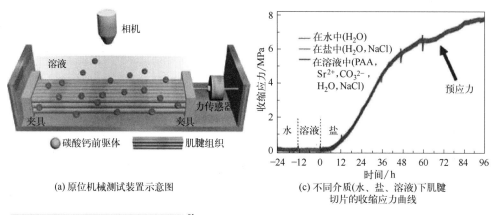

(a) 原位机械测试装置示意图

(c) 不同介质(水、盐、溶液)下肌腱切片的收缩应力曲线

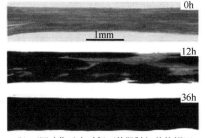

(b) 不同矿化反应时间下的肌腱切片俯视图

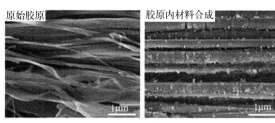

(d) 肌腱组织内胶原纤维的SEM图像

图1-5 胶原内材料合成产生兆帕级收缩应力

(3) 功能和性能仿生

自然界的生物经过亿万年的进化和演化，其生活方式通常展示了最高效的功能和最优异的性能，通过模仿生物材料的功能和性能，实现仿生材料从"形似"到"神似"的跨越，可以无限接近"认识自然、模仿自然、超越自然"的目标。

例如，一些海洋生物随着气候的变化要进行迁徙，其表皮自清洁界面的微结构在此过程中发挥了极其重要的作用。海洋生物的自清洁表面可以有效地减小迁徙时所受海水的阻力，确保能够完成迁徙。海洋生物的表皮中通常存在着含有大量亲水基团的蛋白基体，这些基体与海洋生物表皮层稳固结合形成一层较厚的疏水层，使得表皮具有自清洁的能力。其中，最具有代表性的为鲨鱼皮表面的盾鳞结构[11]。研究人员通过模仿鲨鱼盾鳞结构，开发的仿生防污减阻材料，对于飞行器的设计至关重要，是实现飞行器提速、延长飞行器续航时间、减少飞行器燃料损耗的关键一环（图1-6）。

图 1-6　技术人员正在为汉莎货运波音 777F 货机机身贴巴斯夫公司生产的
Aero SHARK 薄膜以及 Aero SHARK 薄膜细节

一般来讲，材料仿生学的研究内容，主要涉及生物材料的组成结构研究、制备方法研究、性能与制备相互关系和规律研究等，主要包括如下范畴。

（1）模仿自然界的结构和功能

材料仿生学研究的核心在于模仿自然界的结构和功能，将仿生学的原理与工程学相结合。这些自然结构和功能包括生物体在力学、能源、传感、自组装等方面所表现出来的优异性能。比如，在仿生材料的设计中，可以参照蜂窝状结构、海绵状结构、骨骼状结构等自然结构，来实现更加均匀的应力分布和更好的强度性能。

（2）材料的制备和加工

材料的制备和加工是材料仿生学研究中的另一个重要内容。与仿生材料有关的技术包括生物反应器、纳米技术、分子自组装、生物材料学等。比如，通过使用纳米技术，可以制备出纳米级别的仿生材料，如仿生纳米管、仿生纳米膜等，这些材料具有优异的吸附、分离等性能。

（3）材料表征与性能测试

材料表征与性能测试是材料仿生学研究中的重要环节，其目的是验证仿生材料的性能是否符合仿生设计的预期。因此，各种表征和测试方法被广泛应用于仿生材料的研究中，如扫描电镜、透射电镜、原子力显微镜等，这些技术可以获取仿生材料的结构和性能信息。

1.3　仿生材料的分类

材料仿生学的研究内容是极其丰富多彩的，因为生物界本身就包含着成千上万的种类，它们具有各种优异的结构和功能供各行各业来研究。人们既可以独立对生物某一方面或某一个因素进行单元仿生，也可以同时模拟生物的多个方面或多个因素，进行多元耦合（协同）仿生。

根据对天然生物材料的不同特性与功能属性的模仿，仿生材料可分为仿生复合材料、仿生结构材料、仿生梯度材料、仿生纳米材料、仿生功能材料及仿生智能材料等（图 1-7）。其中，仿生复合材料是基于仿生模本材料复合原理，采用两种或两种以上物理或化学性质不同的材料经过复合工艺而制备的多相材料，这种复合在性能上互相取长补短，既可以保持原材料的功能属性，又可以产生协同效应，使仿生复合材料产生新特征性能，且优于原组成材料，从而满足各种不同的要求。仿生结构材料是指模仿生物独特表面、整体或内部的宏观、微观、介观、纳观等结构特征而合成的新型材料。仿生梯度材料是指模仿自然界材料的成分梯度、组织梯度、尺度梯度、界面梯度等，通过控制不同类型梯度在多级结构尺度下结合与匹配，获得梯度变化的力学性能。仿生纳米材料是指通过借鉴自然界生物体系结构和功能，采用纳米尺度的制备技术来制造的新型材料。仿生功能材料是指根据生物材料的成分属性与结构特征的完美组合所展现的独特功能特性，如自清洁、脱附、减阻、耐磨、耐腐蚀等，所开发的新型功能材料。仿生智能材料是指能感知环境及外部刺激，并做出特定适应性的材料，这些材料的智能特性主要表现为自诊断感知与反馈、信息积累、识别与传递、自响应、驱动控制、自适应、自修复等。在后面的章节中，我们将详细介绍各类仿生材料的设计方法。

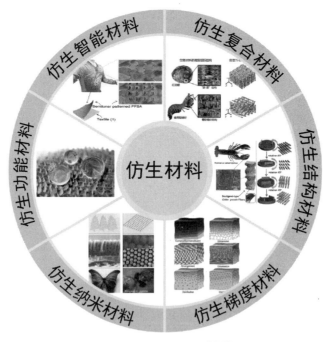

图 1-7　仿生材料的分类[12-16]

1.4 材料仿生学研究意义

仿生学是从生物界发现机理来解决人类技术问题的一门综合性的交叉学科,其利用自然生物系统构造和生命活动过程作为技术创新设计的依据,有意识地进行模仿与复制,它开启人类社会由向自然索取转入向自然界学习的新纪元。简言之,仿生学就是研究生物系统的结构、性状、功能、能量转换、信息控制等各种优异的特性,并把它们应用到工程技术系统中,改善已有的技术工程设备,为工程技术提供新的设计思想、工作原理和系统构成的技术科学。仿生学一经诞生就得到了迅猛发展,在许多科学研究和技术工程领域崭露头角,取得了巨大的成就。随着现代科学技术的发展和工程实际的需求,在众多工程技术领域也相应开展了对口的技术仿生研究。

地球上所有生物体是由无机成分和有机成分相结合而成的复杂系统,糖类、蛋白质、矿物质和水等基本物质有机地组合,形成了具有特定生物学功能的生物复合材料。自然界中的生物材料大都具有微观复合、宏观完美的结构形式。在现代人类社会的各个领域,仿生学和仿生材料学每时每刻都在发挥着巨大的作用,人类社会的进步与发展和材料科学技术的进步与发展息息相关。用于社会生产的材料每发生一次重大的革新和进步,都会使人类社会的文明程度提升一大步。仿生学、生命科学与材料科学的巧妙融合,启迪着人们从生命科学的柔性和广阔视角思考材料科学与工程问题。以经过亿万年进化形成的高度和谐、高度合理的生物体为极限目标,在不同层次和水平上开展仿生材料研究,才有可能真正解决"材料-生物体"界面的接口问题,使材料制备的过程做到节能减排,实现系统智能化、环境友好化和生成高效化。

材料仿生学的意义在于它将认识自然、改造自然和超越自然有机结合,将生物经过亿万年进化优化,逐渐具有的各种与生存环境高度适应的功能特性,移植到各个工程技术领域中,为人类提供最可靠、最灵活、最高效、最经济的接近于生物系统的技术系统,为科学技术创新提供了新思路、新理论和新方法。

参考文献

[1] Fu Y F, Bai B X, Yu C Q, et al. Synergistic effect and progress of ship antifouling and drag reduction based on bionics [J]. Ship Science and Technology, 2014, 36 (9): 7-12.

[2] Ren L Q. Progress in the bionic study on anti-adhesion and resistance reduction of terrain machines [J]. Science in China Series E: Technological Sciences, 2009, 52 (2): 273-284.

[3] Mao L B, Gao H L, Yao H B, et al. Synthetic nacre by predesigned matrix-directed miner-

alization [J]. Science, 2016, 354 (1): 107-110.

[4] Iachina I, Fiutowski J, Rubahn H G, et al. Nanoscale imaging of major and minor ampullate silk from the orb-web spider Nephila Madagascariensis [J]. Scientific Report, 2023, 13 (1): 6695.

[5] 崔福斋, 冯庆玲. 生物材料学 [M]. 北京: 清华大学出版社, 2004.

[6] Li S, Liu P, Lin W Q, et al. Optimized hierarchical structure and chemical gradients promote the biomechanical functions of the spike of mantis shrimps [J]. ACS Applied Materials & Interfaces, 2021, 13 (15): 17380-17391.

[7] Lin W Q, Liu P, Li S, et al. Multi-scale design of the chela of the hermit crab Coenobita brevimanus [J]. Acta Biomaterialia, 2021, 127 (1): 229-241.

[8] 戴振东. 从壁虎到爬壁机器人. 中科院格致论道讲坛, 2024-03-20. http: //www. self. org. cn/self_yj/202403/t20240320_207988. html.

[9] Xie J J, Ping H, Tan T N, et al. Bioprocess-inspired fabrication of materials with new structures and functions [J]. Progress in Materials Science, 2019, 105 (1): 100571.

[10] Ping H, Wagermaier W, Horbelt N, et al. Mineralization generates megapascal contractile stresses in collagen fibrils [J]. Science, 2022, 376 (6589): 188.

[11] Li Z, Guo Z. Bioinspired surfaces with wettability for antifouling application [J]. Nanoscale, 2019, 11 (47): 22636-22663.

[12] Mohammadi P, Gandier J A, Nonappa, et al. Bioinspired functionally graded composite assembled using cellulose nanocrystals and genetically engineered proteins with controlled biomineralization [J]. Advanced Materials, 2021, 33 (42): 2102658.

[13] Yang Y, Chen Z Y, Song X, et al. Biomimetic anisotropic reinforcement architectures by electrically assisted nanocomposite 3D printing [J]. Advanced Materials, 2017, 29 (1): 1605750.

[14] Saranathan V, Osuji C O, Mochrie S G J, et al. Structure, function, and self-assembly of single network gyroid (I4132) photonic crystals in butterfly wing scales [J]. PNAS, 2017, 107 (26): 11676-11681.

[15] Zhao Y, Xie Z, Gu H, et al. Bio-inspired variable structural color materials [J]. Chemical Society Reviews, 2012, 41 (8): 3297-3317.

[16] Mu J, Wang G, Yan H, et al. Molecular-channel driven actuator with considerations for multiple configurations and color switching [J]. Nature Communications, 2018, 9 (1): 590.

第 2 章

大自然中的材料

自然界中可供人类模拟的材料模本非常广泛，包括生物材料、生境材料与生活材料等，这些材料无时无刻不在展示其精妙之处，吸引着人类去探索，启迪着人类从大自然广阔视角思考材料科学与工程问题。合理利用这些天然的材料资源，将会为材料仿生设计提供新思路、新思维与新理论。

2.1 生物材料

天然生物材料是指构成生物体（动物、植物、微生物）的所有材料，包括有机物与无机物，其既是生物体的自身本体，又是支撑生物各种行为、功能的物质基础。自然界在长期的进化演变过程中，形成了组成（成分）、组织、结构（宏观、介观、微观）完美和性能优异的生物材料，如蜘蛛丝/蚕丝等超强韧生物纤维、生物骨骼超硬支撑材料、生物肌肉/韧带承载软材料、软体动物壳/牙齿等生物矿化材料、细胞/组织/器官等活性与自修复材料、蝴蝶鳞片/甲壳类外骨骼等光子晶体材料及生物多种多样多功能/高性能等材料。自然界的创造力总是令人惊奇，通过高效、低耗、绿色、可持续的自然途径，天然生物材料不仅具有宏观、微观和纳观等尺度上合理、精细、优化的复合结构，而且综合性能非常优异，值得人类借鉴和模拟。

2.1.1 生物功能材料特性研究

自然界中的生物体在长期的自然选择与进化过程中，其材料的组织成分、结构、合成过程、感知方式与功能属性等得到了持续优化与提高，利用简单的矿物质与有机质等原材料很好地满足了复杂的力学与性能需求，达到了对生存环境的最佳适应。任何一种生物，构成其本体的材料载体都具有独特的功能属性，如纤维类材料的超强韧功能、骨骼与壳类材料的高强度功能、膜类材料的高效渗透功能、晶体类材料的先进光学功能、敏感类材料的高精度感知功能、细胞与蛋白的自修复功能等。基于生物独特的功能属性，生物功能材料特性的研究范围非常广泛，不仅包括生物材料从整体到分子水平的多层次结构、各种有机与无机成分配比关系、形成机制、功能实现方式等，还包括生物本体材料与环境相互作用规律等，这些都是仿生材料设计制造重要的研究基础。

例如，骨骼、牙齿、贝壳等是自然界中最强韧性的生物材料之一，这类功能材料的特点是无机/有机多相材料以"刚、柔""软、硬""强、韧"特殊结构方式复合[1]，能够将强度与韧性良好结合，展现出良好的力学性能，这些优异性能是传统工程材料无法实现的。例如，贝壳的珍珠层由易碎的硬质陶瓷碳酸钙和柔韧的有机质以"砖泥"结构交替层叠排列组成［如图 2-1（a）和（b）所示］，这两种材料本身并不具备良好的力学性能，但二者以"砖泥"结构软硬交替、层叠组合，不仅质量轻、硬度高，而且其断裂韧性比单相碳酸钙提高约 3000 倍[2]。海螺壳有三层结构，最外层是较硬的颗粒状硫化铁，中间层是柔软的有机物，内层是由多层结构构成的超硬钙化物［如图 2-1（c）和（d）所示］。在受到外力攻击时，分层结构不仅有利于应力的扩散，较硬的外层与内层能够承受刚性冲击，较软的中间层能够吸收大部分冲击能量，防止壳破裂[3]。牡蛎壳由许多呈长钻石形的方解石晶体构成，受到撞击时，方解石晶体会重新排列，通过形成一个个小型的撞击坑来吸收冲击力，将冲击损伤保持在一个非常小的范围内[4]。雀尾螳螂虾虽然体长很短，约10cm，但两只"锤子"似的螯骨却能轻易砸开贝壳或小鱼的头骨，甚至能打碎玻璃鱼缸，螯持续敲击超过 5 万次才会损坏。螳螂虾螯骨呈现多层结构，多相材料软、硬相间分布，受到冲击时，通过软质材料伸缩卸载冲击能量[5]，如图 2-1（e）所示。啄木鸟的头骨通过呈不同多孔构造的材料层层复合，利用材料孔隙吸收和削弱冲击力，在其频繁、快速撞击树干觅食时，头部可反复承受巨大冲击力[6]。铁定甲虫身长不到 2cm，但其外骨骼极其坚硬，能轻易抵抗食肉动物的袭击、徒步者的踩踏，甚至是汽车的碾压。可承受力高达 149N，相当于 15kg 的重量，约为其体重的 3.9 万倍。研究发现，铁定甲虫鞘翅外骨骼呈椭球形，由复杂的、有层级的多个界面形成一连串形似拼图的联锁关节，分别是交叉式、闭锁式和独立式。交叉式关节在外力挤压下最为坚硬且结实，而闭锁式和独立式结构则能容许甲虫的外骨骼在被压缩时发生一定程度的变形。同时，鞘翅角质层由多糖分子与蛋白质结合形成纤维，纤维再组合成扭曲的螺旋状排列，具有高韧性、抗冲击、耐损伤等功能特性，如图 2-1（f）所示[7]。

自然界中许多生物，具有能随着阳光、季节、环境、生理机能变化而变色的功能，如蝴蝶、章鱼、乌贼、螯虾、比目鱼、变色龙、甲虫等，这些生物利用材料特性可以随周围环境及条件变化而改变自身颜色，更好地伪装起来。有些生物能够随着环境温度和光线强度的不同而迅速变换肤色，有的会随着背景的颜色与图案以及

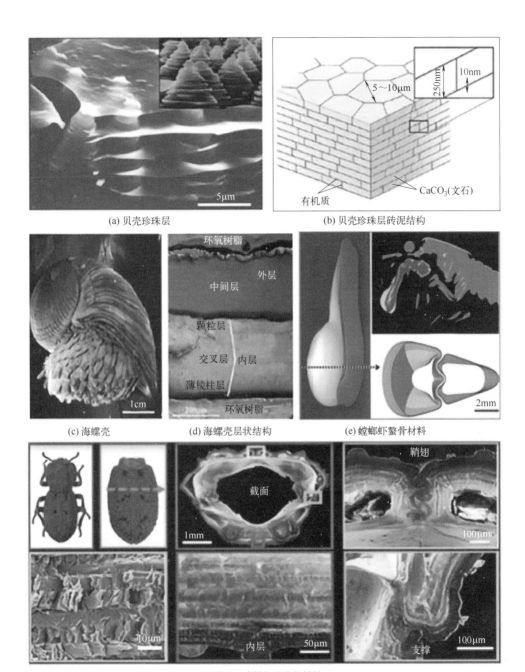

(a) 贝壳珍珠层

(b) 贝壳珍珠层砖泥结构

(c) 海螺壳

(d) 海螺壳层状结构

(e) 螳螂虾螯骨材料

(f) 铁定甲虫鞘翅外骨骼材料

图 2-1 超强韧生物材料

季节更替而变化，有的甚至呈现出生物变色材料的极致功能——透明或不透明。

例如，生物变色材料的典范——变色龙，由于其皮肤细胞的一个特殊内层直接与大脑相连，因而这种蜥蜴能够迅速将身体变换为其他的颜色，包括明绿色、黄色甚至粉色。比目鱼、毒蚰等不仅可以依照背景颜色变化，还可以依照背景的图案变化，若将其放在有条纹或斑点图案的环境里，它的身体则会出现条纹或斑点。雷鸟和银鼠等会随着季节更替而改变自己毛皮的颜色，冬季时，毛皮呈现出白色，与雪的背景融为一体；而春天时，毛皮呈现出红褐色，使自己的颜色跟从雪里裸露出来的土壤的颜色一致。栖息在海洋中的章鱼（*Japetella heathi*）和鱿鱼（*Onychoteuthis banksii*）通过变色来伪装自己，用以逃生和捕食。这种章鱼和鱿鱼的身体能够在透明和不透明之间切换。正常情况下，这种章鱼呈透明状，当某些食肉动物来到它们身边时，为防止自己透明的身体像镜子一样出现亮光，它们会立即收缩肌肉，从而拉伸其含有色素的细胞，并将皮肤变为红色，因为红色的物体在蓝色的海域中几乎是感觉不到的，从而让潜在的捕食者很难发现它们的存在，如图2-2所示[8]。

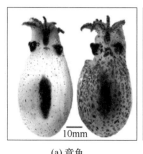 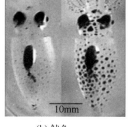

(a) 章鱼   (b) 鱿鱼

图 2-2　变色章鱼和鱿鱼

生活在雨林环境中的双叉犀金龟（独角仙），其外壳在白天被光线照射时，会呈现出绿色，与绿色的丛林色彩一致，但其还能随着夜晚丛林空气变潮湿而改变颜色，借以欺敌，保护自己不被捕食，如图2-3（a）和（b）所示[9]。研究发现，独角仙的外壳由蜡质层（蜡质层上布有裂纹）和多孔层叠加构成，如图2-3（c）所示，在夜晚雨林中湿度变大时，水通过蜡质层裂纹渗透到多孔层结构中，消除了多孔层间的折射率差异（不再有光干涉），导致外壳变成黑色，这不仅能使独角仙身体变暖和，还能与夜晚的黑色融为一体，避免被掠食动物发现。每到秋季，部分植物绿油油的树叶会变成深红色，研究发现，红色素不仅能够帮助树叶免受太阳光的伤害，同时，也是树叶为躲避害虫的一种手段。树叶中的红色素能够警告昆虫，眼前的这棵树并不适于食用或筑巢，因为对于昆虫而言，红色的树叶不是含有有毒的化学物质，就是携带了更少的养分[10]。如新西兰的五加科树的树叶从萌芽到成熟，要经历几种颜色的变化，这些颜色的变化被认为是它们的一种生存策略[11]，用于防御鸟类啄食。

(a) 干燥环境下呈绿色　　　(b) 潮湿环境下呈黑色　　　(c) 外壳结构

图 2-3　独角仙外壳从干燥到潮湿环境下颜色变换及外壳结构

自然界生物功能材料模本多种多样、丰富多彩，可以说选不完、用不尽。对于同一类功能属性，不同的生物材料或具有许多共性特性，或具有不同的个性特征，这些特性为人类开发具有普适性与个性化定制的仿生材料提供了重要的设计依据。

2.1.2　生物现象材料特性研究

在自然界中，千姿百态的生物具有丰富多彩的生物现象，如自身繁殖、生长发育、再生、新陈代谢、光合作用、生物节律、蒸发、蒸腾、电解、催化、发酵、固氮、迁徙、共生、寄生等。这些生物现象错综复杂，以生物材料为载体展现，但不是生物某一局部材料能够单独执行的，而是生物的一个材料系统相互配合，展现出的精妙功能。

例如，章鱼、红蝾螈、蜥蜴、涡虫、海参、海星、海绵、海胆、壁虎、蚯蚓、灯塔水母等拥有超强再生能力，这些生物现象一直都是材料仿生与生命科学领域关注研究的重点。生物整体或局部再生现象，不是某一部位本体材料单一作用的结果，而是由生物体多个本体材料系统协同作用实现的。例如，蝾螈具有断肢再生的能力，在肩与手之间任何部位截肢，都能再生缺失的部分。研究发现，蝾螈断肢后，创口周围的皮肤、肌肉、骨骼等各种细胞会聚集到一起，从成体细胞反向变为"幼年"细胞，形成具有再生能力的芽基细胞群。尽管这些芽基细胞看起来都差不多，但它们都能记住各自的来源，从肌肉细胞而来的仍再生为肌肉细胞，从神经鞘细胞而来的仍再生为神经鞘细胞，可有效地实现"专业分工"，帮助断肢再生，如图 2-4 所示[12]。更令人惊奇的是，从蝾螈肢体末端取下的软骨细胞，在移植到上臂部位后，居然会慢慢移到与其原有位置相对应的地方，说明这种细胞具有位置记忆的功能。通过模拟生物再生功能与细胞记忆功能等，人们研究出了许多器官修复技术与克隆技术，如利用人体脂肪干细胞实现骨骼再生[13]，这为有效治疗先天性骨骼障碍、骨肿瘤、脏器缺损等多种疾病提供了可能性。

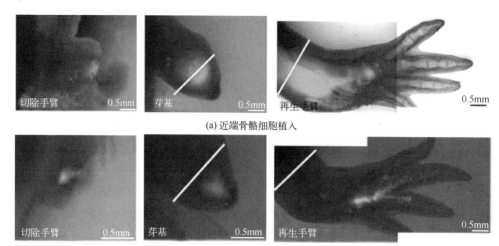

(a) 近端骨骼细胞植入

切除手臂　0.5mm
芽基　0.5mm
再生手臂　0.5mm

(b) 末端骨骼细胞植入

切除手臂　0.5mm
芽基　0.5mm
再生手臂　0.5mm

图 2-4　蝾螈手臂细胞植入式再生过程

海参纲动物具有吐脏再生功能，研究发现，海参在不良环境条件下（海水污染、水温过高、过分拥挤或受到某些刺激时），身体会强烈收缩，泄殖腔破裂，并把部分或全部内脏，包括消化道、呼吸树甚至生殖腺，从肛门或体壁的撕裂处排出来，然后在很短的时间内再生出上述器官。海参吐脏后，肠首先从肠系膜分离，然后从大肠与肛门的连接处断裂，与呼吸树一起排出体外，紧接着咽部与小肠前端的连接处断裂，最终整个肠与呼吸树全部排出，体腔内只留下了肠系膜的游离边缘。此时，海参会启动再生机制，再生的消化道生长原基从增厚的肠系膜边缘开始发育，随着再生的继续，增厚区域变长、接合，最终形成一个连续、线性的实体索，该实体索宽度均匀，从口部或食道区域一直延伸到泄殖腔。像海参一样，海星也是一种棘皮动物，具有分布式神经系统——位于皮肤之下的神经丛，同时，在嘴部周围有一个中心神经环。许多海星可将该中心神经环一分为二，然后分别生长一个新的海星，触角和中心神经环的任何小部分都可以重生。其中，印度太平洋海星就是"重生高手"，它们可以从一段触角生成整个身体，如果触角或者中心神经环受损，也可实现损伤性重生。涡虫具有强大的再生能力，它的身体即使被切成数小块，即使头部与重要器官（大脑、眼睛等）被切下，它被切下的每一块都能进行完整的再生并以个体的形式存活下去。涡虫的再生能力不仅能够使身体器官进行再生，就连涡虫的记忆也能得以继承，切割后涡虫的记忆，也被完整地复制了下来，它能够复制本体所有的特征。

美国科学家发现，当有捕食者靠近时，海胆幼虫会采用一种奇特的伪装策略，即一分为二，拟态成微小个体，通常情况下，如果温度适宜、食物充足，它们的幼虫就会分裂克隆自身再生，创造出一大群新的全等双生体，从而利用有利的生长条件大量繁殖。而当海胆幼虫在侦测到附近有捕食鱼类存在时，也会马上开始分裂，将身体尺寸二等分变成微小个体，以有效地避免被捕食者发现，如图 2-5 所示[14]。海胆幼虫一旦侦测到鱼黏液就立即开始分裂，虽然克隆再生过程需要几个小时，但它却可能是一种有效的防御策略。

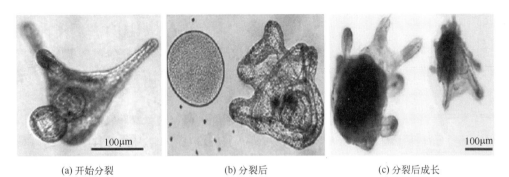

(a) 开始分裂   (b) 分裂后   (c) 分裂后成长

图 2-5　海胆幼虫分裂过程

　　壁虎遭受掠食者攻击时，会断裂尾巴，使自己拥有充足的时间逃离，这种肢体重生能力叫作"尾部自切"，存在于几种壁虎物种以及蜥蜴和蝾螈物种之中。壁虎身体存在一个"破裂面"的弱点区域，位于椎骨中间，在尾部存在一定的间隙。为了实现尾部自切，尾部破裂面的特殊肌肉组织会收缩，使椎骨断裂，之后肌肉进一步收缩尾椎骨从而使血流量最小化。蚯蚓断成两段后，包含有"生殖环带"的那一段在 10 天左右会再生成一只完整的个体。灯塔水母（*Turritopsis nutricula*）在成熟到一定阶段后，会通过细胞的转分化过程，重新回到水螅型状态，并且可以无限重复这一再生过程，同时，因为水母可以通过反复生殖和转分化而获得无限的寿命，所以其也称为"长生不老的水母"。

　　近年来，生物再生现象的研究在材料科学、生命科学、医学等领域日益受到重视，人们不仅在生物再生系统材料体系上产生灵感，研究肝脏、骨骼肌、心脏、脑再生的材料基质，为器官的移植与修复提供重要材料基础，而且还在基因、神经调控再生方面投入更多关注，以期为再生与修复提供更为科学与精准的控制技术，用再生能力造福人类社会。

　　目前，许多发达国家已将生物材料研究、设计与制造放在国家经济和科学技术发展及国家安全的重要战略地位，列入国家重大基础研究计划和国家中长期科学技术发展规划。例如，被誉为"全球军事科技发展风向标"的美国国防部高级研究计划局设立了生物材料制造技术办公室，从国家战略高度强化生物材料与仿生科技等交叉融合，发挥引领和辐射作用，在 2019 年之前，美军就已掌握超过 1000 种新型生物分子材料的合成方法，可制造出各类性能独特的生物复合材料。

2.2 生活材料

生活材料是指人类在日常生活、人文生活与本体生活中所需要的各种各样的物质材料及在使用后又产生的一系列附属物质等。人类有许许多多的科技创新都是从一个个普通常见的生活材料开始的，如牛顿根据肥皂泡薄膜干涉的色彩变化提出了牛顿环原理，已广泛用于光学元器件；古希腊数学家希罗根据水蒸气的力量原理发明了世界第一台汽转球（蒸汽机的雏形）等。这些生活材料看似普通、平常，却处处充满着科学内涵，为人类开发新材料提供了重要的科学启示。

生活材料在人们的生活中处处展现，人类超乎寻常的灵感、智慧与经验都蕴含在生活材料中，而这些生活材料本身所充满的科技力量又为人类最尖端、最前沿的技术发明提供了重要启示与资源。对于生活材料的研究，主要集中在三个方面，分别为基于日常生活材料、人文生活材料与本体生活材料特性及功能的研究，将生活材料作为模本，人们设计出了许多实实在在、更贴近人类物质需求和精神需求的仿生制品，创造出了更多具有人文底蕴、充分展现生活艺术的仿生作品。

2.2.1 日常生活材料研究

日常生活材料是指人们在吃、穿、住、行、劳动、工作、学习、休闲等各种活动与行为中所涉及的各种物质材料。人类在日常生活中积累的经验、技能与知识，都在生活材料中得到了体现，许多科技革命的诞生都能寻到日常生活材料智慧的影子。每一种日常生活材料的背后都蕴含或多或少、或深或浅的生活智慧与感悟，值得人类仔细去探究。例如，生活中一个普通的气球既可以表明空气的存在，又可以揭示材料的弹性；既可以演示空气的流动形成风，又可以解释气体的热胀冷缩等各种原理与现象。

提取人类生活材料使用的精髓，并以此为模本，将会为更贴近生活、更高层面的直接或抽象仿生材料设计提供新思路。例如，一把普通芭蕉扇边上的竹丝启发了爱迪生的竹丝电灯问世；法国物理学家丹尼斯·帕潘在观察蒸汽离开高压锅产生的喷射动力后，制造了世界第一台蒸汽机的工作模型；詹姆斯·瓦特根据水壶和锅炉里的水沸腾产生的蒸气把盖子顶起来，改良了蒸汽机，引发了 18 世纪工业革命。

人类在日常生活中使用各种材料积累的经验、技能与知识，对于工程材料科技进步起到了极为重要的推动作用。从古代中国的"四大发明"，到现代汽车的诞生、飞机的升空、火箭的发射等，每一项材料科技发展带给人类的影响都是巨大和深刻的。现今，许多新型材料开发与制造技术的升级都能寻到日常生活材料的影子，看似普通平常的生活材料，却能帮人们解决重要的科技难题，而这样的例子在生活中比比皆是。例如，胶带是人们日常生活中常用的物品，从物体表面撕下胶带时，有时胶带会将物体表层材料粘住一并撕下，胶带上则黏附了薄薄一层材料，这也是生活中最常见的现象。2010年诺贝尔物理学奖被英国曼彻斯特大学的盖姆和诺沃肖洛夫两位科学家摘得，他们正是受这一常见胶带撕粘材料启示，用普通胶带成功地从铅笔芯的石墨中突破性地分离出了石墨烯材料[15]，如图2-6所示。

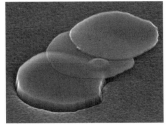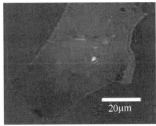

(a) 从铅笔芯中分离石墨片   (b) 多层石墨烯薄片   (c) 单层石墨烯

图 2-6 石墨烯的制备方法

　　日常生活中闪烁的点点滴滴生活材料常常给材料科技创新带来意想不到的启迪与惊喜。例如，人们日常生活中最常见各种泡泡，如果我们从材料的角度去看，泡泡（或泡泡膜）是张力稳定下厚度可达数十纳米至数十微米的薄液膜，然而恰是这常见的液膜为薄膜材料的制备提供了天然的仿生模板。现有方法获得的石墨烯往往是处于微米或纳米级的薄片，如何将石墨烯碎片拼接成宏观尺度下的石墨烯薄膜便成为科学家面临的难题。中国科学技术大学的研究者受泡泡成膜与破裂的启示，提出了以泡泡膜为模板拼接制备石墨烯薄膜的新方法。该研究小组采用银丝圈网格组装方法，拼接氧化石墨烯的泡泡膜，在维持泡泡膜稳定的条件下，脱水干燥获得厘米级别的氧化石墨烯薄膜。该方法可以获得无基底负载的石墨烯薄膜材料，便于转移加工，如图2-7所示[16]。通过调节成膜溶液的浓度，可以制备出厚度从14 nm到数百纳米变化的薄膜材料；而改变支撑框架的结构，便能轻易控制薄膜的几何形状。

　　人们常说"泡泡总是要破的"，泡泡最简单的形式便是含一定量表面活性剂的水溶液液膜，表面活性剂的两亲性降低了溶液相中水的表面张力，延长了泡泡稳定存在的寿命。然而在干燥过程中，伴随水分蒸发，相互聚集的表面活性剂分子仅仅依靠线性分子间引力来维持平衡，而亲水端由于带相同电荷而存在静电排斥，这些都增加了通过泡泡干燥获得稳定双分子层膜的难度，图2-8（a）为常规泡泡液膜干燥过程中两亲性的表面活性剂分子组装成双分子膜的过程（f代表分子间平行液膜的引力）。与之不同的是，当用二维结构的石墨烯氧化物片层作为支撑结构时，因片层面与面间存在巨大的范德瓦耳斯力作用，增加了泡泡膜脱水干燥过程的稳定性。因此，只要维持适当的溶液表面张力，便可以通过干燥泡泡膜的方法，快速获得石墨烯薄膜材料，图2-8（b）为金属框架固定的石墨烯液膜干燥成石墨烯薄膜的过程。这项技术可以将膜的厚度控制在数十纳米级别，为导电薄膜材料、分离膜材料、光学材料等领域的发展提供新思路。

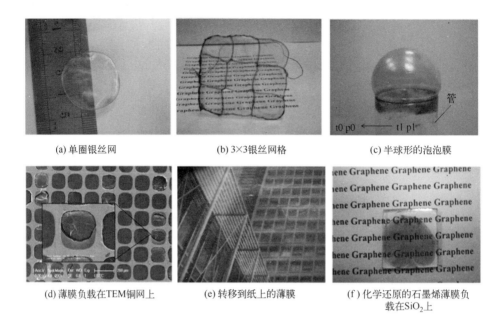

(a) 单圈银丝网　　　　(b) 3×3银丝网格　　　　(c) 半球形的泡泡膜

(d) 薄膜负载在TEM铜网上　　(e) 转移到纸上的薄膜　　(f) 化学还原的石墨烯薄膜负载在SiO₂上

图 2-7　用银丝网格为模板拼接石墨烯的泡泡膜

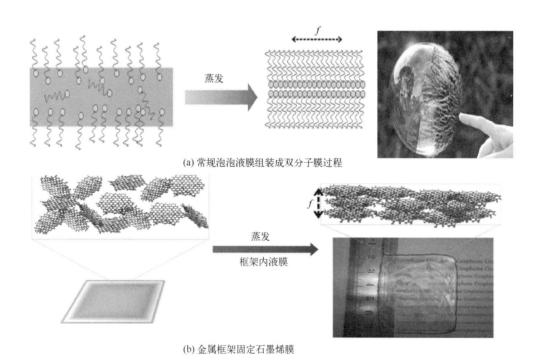

(a) 常规泡泡液膜组装成双分子膜过程

(b) 金属框架固定石墨烯膜

图 2-8　常规泡泡液膜与石墨烯膜

中国科学院化学研究所科研人员受泡泡形成与破灭的变化过程启发，通过操控泡沫的"演化"方式，实现了以阵列化气泡为模板"印刷"功能材料，把功能材料（如纳米颗粒、导电聚合物等）加入溶液中，随着液体的蒸发，功能材料就会在气泡边界处进行组装，形成高精度的网格图案，从而实现在透明电极等光电器件上的应用。

人类日常生活的衣、食、住、行、医、通信等所涉及的形形色色的材料，无一不与材料科学的发展息息相关，这些日常生活材料中常常蕴涵着大智慧、大科学，值得工程材料仿生借鉴。例如，水滴滴落物体表面、滴入水中或溶液中等形成的滚落与喷溅，是生活中最司空见惯的现象，人们利用这些最常见的现象设计出许多科技材料。例如，在烧热的锅里洒水是生活中最常遇到的现象，当水滴滴在高温物体（150～400℃）上时，通常会出现两种现象，水滴要么接触高温物体直至沸腾殆尽，要么被水滴底部出现的水蒸气垫托起，使之从高温固体上弹跳——也就是所谓的"莱顿弗罗斯特效应"。香港城市大学的王钻开教授团队发现落在高温物体表面的水滴还会呈现出第三种看似不可思议的状态——"雅努斯状态"。雅努斯（Janus）是古罗马神话中的开始与转变之神，因其一头注视过去，一头注视未来，又被称为双面神。研究者发现，雅努斯状态下的液滴也有"双面"特质，一个水滴中同时存在莱顿弗罗斯特效应和接触沸腾状态。液滴的雅努斯状态最终会导致液滴从换热效率低的莱顿弗罗斯特区域自发地向换热效率高的沸腾区域运动，最终在沸腾区域快速蒸发。这种神奇的现象背后，是液滴下方的蒸汽垫在起作用。当高温固体表面结构稀疏时，形成的水蒸气会很快排出，蒸汽垫不足以支持水滴的重量，此时水滴会占据底部水蒸气的空间并与柱状结构及基底充分接触，因此水滴呈接触沸腾状态。而当高温固体表面结构较为密集时，水蒸气流通受到阻碍，因此形成蒸汽垫足以支撑水滴，甚至使水滴弹跳，于是形成了我们生活中常见的莱顿弗罗斯特现象，如图 2-9 所示[17]。雅努斯状态可以帮助人们解决高温下难以控制水的流向的问题。由于水滴倾向于从换热效率低的区域自发地向换热效率高的沸腾区域运动，人们可以通过制备稀疏的表面微观结构材料来提高换热效率，进而"吸引"高温下的水滴，控制高温物体上水滴的移动方向。

美国劳伦斯伯克利国家实验室研究者受到水滴或液滴滴入液体这种生活中常见的互溶或互混液体材料启发，通过表面张力将凝聚层包裹的聚合物水溶液液滴悬挂在密度较小的聚合物水溶液的表面。溶液之间的密度差由表面张力平衡，而悬浮在空气-水界面上的液滴大小则由液滴撞击时形成的聚电解质凝聚层决定，作用于液滴上的界面力大小和液滴形状可由液滴碰撞冲力和聚电解质浓度控制。具有均匀和不均匀表面的垂直和水平的结构化凝聚层囊悬挂在溶液表面上，由于毛细力而形成有序的阵列。利用磁性微粒（MMPs）对悬浮液滴进行功能化处理，可以实现表面的可控运动和旋转。通过平移连续液滴撞击表面的点（水平堆叠）或让连续液滴撞击表

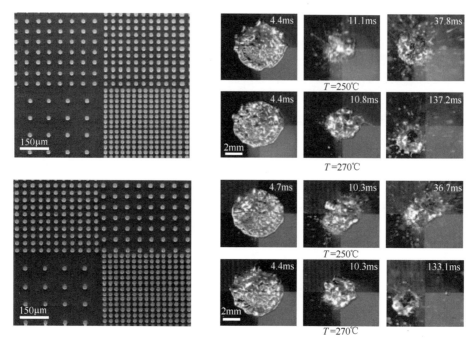

图 2-9　水滴在不同结构高温物体表面运动形式

面同一点（垂直堆叠）可以改变悬挂液滴的结构。通过控制液滴撞击的侧面点，可以获得从三叶草型到心脏型、哑铃型、项链型或分段构造的结构，如图 2-10 所示[18]。这些方法可组合以产生具有更复杂的结构，同时，悬浮液滴与空气直接接触，能够对液滴进行原位操作，并利用包裹的水相进行选择性运输的分段串联化学反应，在功能性微反应器、水基微型电机和微型仿生机器人等领域具有潜在的应用。

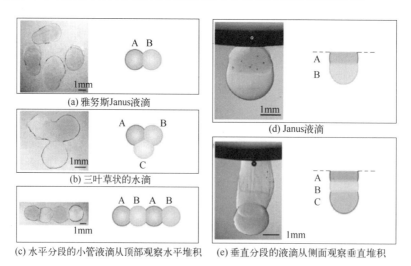

(a) 雅努斯Janus液滴

(b) 三叶草状的水滴

(c) 水平分段的小管液滴从顶部观察水平堆积

(d) Janus液滴

(e) 垂直分段的液滴从侧面观察垂直堆积

图 2-10　表面不均匀的分段悬挂液滴

有时，一个不经意的事物中看似互不相关的日常生活材料，往往会通过有心的深悟或不经意的感悟带给人们意想不到的新型仿生材料启迪，而这种启迪正是材料科技创新不可或缺的源头，会不断地催生新材料的设计与制造技术研发。

2.2.2　人文生活材料研究

人文生活材料是指人们在文化、艺术、体育等方面的活动与行为中所涉及的各种各样的物质材料，融合了人类生活智慧与精神财富的双重独特内涵。人文生活材料所展现的艺术来源于自然和生活，它们是自然与生活的提炼、加工和再创造，如文学、书法、绘画、雕塑、折纸、音乐、舞蹈、服饰、摄影、电影、戏剧、民艺、建筑等各种活动的载体材料，其常常意蕴丰富、内涵深刻，在满足人们追求和谐与舒适的心理需求下，还能给人带来意料之外的科技启示。

人们在自然和生活中，体验到百花争艳、虫鸟齐鸣、江河奔腾、高山耸立、滴水穿石等美不胜收、气势磅礴的景致，把这些意境与情感转换成艺术材料，这些艺术材料本身就是大自然的精髓与人类智慧的结晶。因此，人文生活材料是人们生活意境与情感转换成艺术形式的载体，其不仅承载着现代文明中的艺术情怀，同时也彰显着科技内涵，是艺术与科技的融合。

例如，折纸是人类生活中最普通的人文艺术活动，将纸张折成各种不同精美、精巧的形状。现今，人们受折纸艺术蕴含的科技信息，将折纸艺术与自然科学结合起来，设计出了许多超结构、超性能的精巧材料，在大型航天展开结构材料、新型轻质工程结构材料、医疗折展结构材料、光电传感材料、驱动折展结构材料、柔性机器人材料、手性光源材料、微流体器件材料、微机电/纳米机电材料、芯片材料、太阳能电池材料等领域展现了重要的应用潜力。例如，英国布里斯托大学的研究者受纸张折叠、剪裁后即可呈立体形状的剪纸艺术启示，研发出了一种新型蜂窝超材料。利用剪纸技术生产出的蜂窝超材料具有质量轻、强度高、定向性好、精确度高、灵活性强等优点，同时，该材料由活动单元构成，力学性能可调，还可用来制造大型结构。剪纸超材料可由热塑性塑料或热固性树脂制造，再加上集成传感器和其他电子系统，就可升级为"智能造型"材料，利用驱动机制更改其配置，便呈现出可多种变形的特质，如图 2-11 所示[19]。

天津大学的陈焱教授团队通过折叠或者展开，让纸张的结构、形状、体积或表面积发生改变，从而使其能实现更多的功能，设计出性能可以调控和编程的新型折纸超材料、不同的负泊松比折纸超材料、梯度刚度渐变折纸超材料。同时，提出了全新的厚板折纸理论模型，如图 2-12 所示[20]，完成了从零到一的理论创新，破解了厚板结构难以折叠这个困扰科学界和工程界五十余年的国际难题，把折纸科学从理论"折"进了工程应用。此外，天津大学生物医学柔性电子实验室的黄显教授团队通过折纸工艺开发了磁性增强和可编程磁极序列的柔性永磁薄膜，结合柔性电子

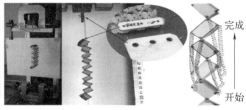

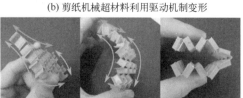

(a) 基于剪纸技术的超材料制造中每个阶段的开放蜂巢　　(b) 剪纸机械超材料利用驱动机制变形

(c) 超材料不同曲率的弯曲行为

图 2-11　基于剪纸技术的蜂窝超材料

技术首次实现了一种全柔性磁电式振动传感器[21]。在此研究中，团队将一个柔性磁振子置于由多层柔性线圈、环形柔性磁薄膜和弹性薄膜构成的结构中 ［图 2-13（a）］。其中，环形磁膜通过折纸工艺实现，多层柔性线圈由柔性电子加工工艺制备而成 ［图 2-13（b）］。该传感器能够灵活安装在皮肤和机器表面，实现动作检测、语音识别、生理信号监测和机器状态评估等多种传感功能 ［图 2-13（c）］。由于这

(a) 零厚度旋转对称折叠

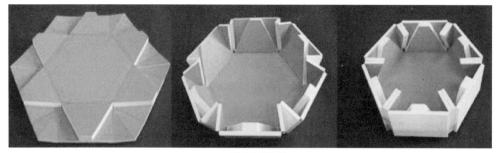

(b) 零厚度菱折叠

图 2-12　厚板刚性折纸

一全柔性的微机电传感器（MEMS）能够承受重复的弯曲和变形，因此更适用于弯曲表面和可变形物体［图 2-13（d）］。折纸环形磁膜的引入不仅调节了磁场的整体分布，使磁场能够覆盖整个线圈所在的区域，还能使器件整体的磁场强度增加291％以上。

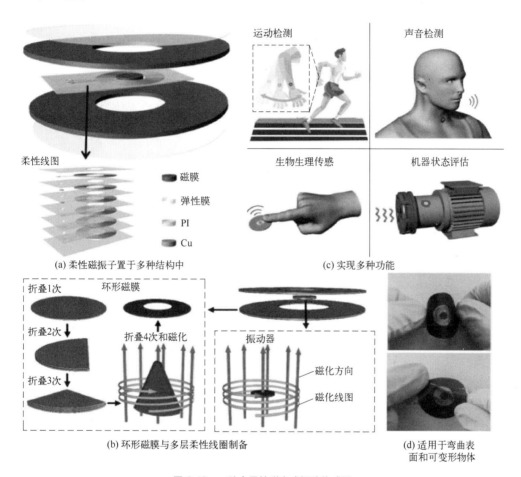

图 2-13 一种全柔性磁电式振动传感器

Kirigami 是日本剪纸的一种艺术形式，具有空间上的可变性，其样式变化的灵感被广泛地应用于各类"超材料"的设计制备中。屈曲诱导的 Kirigami 结构利用局部弹性失稳可进行平面到复杂三维空间的多种形状变换。弯曲 Kirigami 超表面结构材料已被应用于鞋外底，以产生更高的摩擦力，并在一系列环境中减少滑倒的风险。近年来，中国研究者与麻省理工研究者合作又将剪纸艺术应用到了医学工程领域，受蛇和鲨鱼等有鳞动物皮肤的启发，开发出了一种药物沉积剪纸支架，它由定期排列的齿状针（即 Kirigami 圆柱形剪纸图案的塑料外壳）与气动软驱动器集成，如图 2-14 所示[22]。通过激光切割，光滑的塑料会呈现出规律的三角形针头图案，这些图案包裹在软体驱动器上。当驱动器伸长时，塑料外壳会被拉动、并张开三角形针头图案，从而让针穿透器官内壁，并输送含有药物的微粒，该支架可将药物输送到胃肠道、呼吸道或其他管状器官。哈佛大学的研究团队受 Kirigami 剪纸艺术的启发，研制出了一种"可编程气球"的创意材料，能够在充气时使材料形成各种各样的形状[23]。具体涉及在 2D 表面上形成图像的"像素"，仅需改变两个"像素"的参数，即可将所有不同的形状编程到 Kirigami 气球中，如弯曲、扭曲和膨胀。当气球充气时，切口会使得气球在某些地方伸展更多、其他地方则略微收缩，从而让高度可控的充气装置呈现出一些相当不规则的形状。研究人员已经编程制作出南瓜、钩子、花瓶等形状，有望用于软体机器人的可变执行器及外科手术与太空探索器械等。

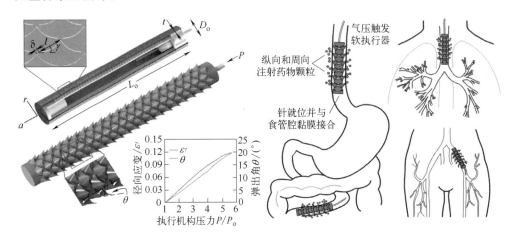

图 2-14 Kirigami 圆柱形剪纸支架及其应用

纳米剪纸技术在近年来已成为发展超结构材料的一个重要手段，北京理工大学的研究团队采用纳米剪纸技术制备了一种新颖的"2.5 维"立体超表面光学结构[24]，既克服了三维超材料制备的难题，又增加了二维结构所缺乏的面外调谐功能，获得了超强的光学手性，实现了圆二色性的片上可逆调谐，为实现可重构光子器件和芯片集成提供了新颖的平台，在光学传感、手性光源、微流体器件、微机电/纳米机电等方面有着重要的应用前景。中国科学院物理研究所的研究者受中国传统的剪纸艺术"拉花"的启发，开发出一种直接的纳米剪纸方法，应用于纳米级的平面薄膜。他们采用聚焦离子束（FIB）代替小刀或者剪刀，在无需依靠支撑物的金纳米薄膜中剪出精确的图案，然后采用同样的 FIB 代替双手，逐渐地将纳米图案"拉"成复杂的三维形状，如图 2-15 所示[25]。在 FIB 照射期间，金纳米薄膜中的异质空位（带来拉应力）以及植入离子（带来压应力）引发了这种"拉"力。利用纳米薄膜中地形学引导的应力平衡，可精准实现纳米结构的多种三维形状的转换，如向上弯曲、向下弯曲、复杂的旋转和扭曲。

可见，古老的折纸艺术和剪纸艺术在多个科技领域焕发出新的活力，从简单到复杂结构、从柔性薄膜到刚性厚板材料、从二维平面到多维立体、从宏观到纳观尺度等，均展现出了艺术与科技结合的创新魅力。

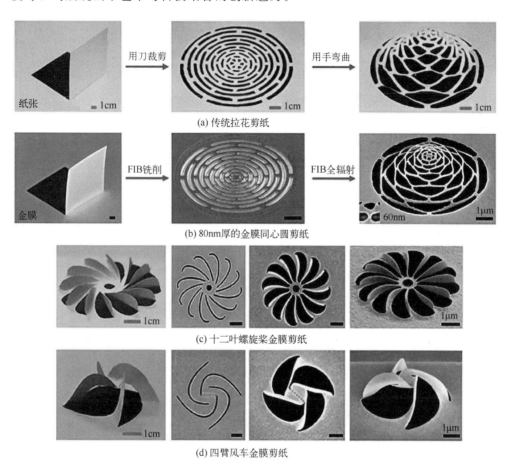

(a) 传统拉花剪纸

(b) 80nm厚的金膜同心圆剪纸

(c) 十二叶螺旋桨金膜剪纸

(d) 四臂风车金膜剪纸

图 2-15 传统剪纸与金膜剪纸

人文领域处处是艺术生活材料，体现着自然，蕴含着智慧，从古代文字印刷到如今的光刻、飞秒激光加工、刻蚀等材料，从制陶材料到现代的烧结陶瓷、金属、超高温等材料，从原始的烟花到现代的弹药、武器等爆破材料，这些都启迪人们进行科学创造。如果能将人文生活中各种艺术材料作为仿生材料模本进行设计，将会创造出更多具有人文底蕴的自然与人工、艺术与科技相结合的仿生科技材料。

2.2.3 本体生活材料研究

人类本体生活材料是指人类自然生命所展现出的一系列活动中（如在生理、心理、心灵层面的各种活动）所涉及的各种材料载体。人类自身是一个复杂的生命系统：在生理层面，表现出了强大的自身繁殖、生长发育、新陈代谢、遗传变异以及对刺激产生反应等能力，蕴含着非凡的生命力；在心理层面，人类通过各种感官认识外部世界的事物，通过头脑的活动思考事物的因果关系，具有复杂的认知过程、情感过程、意志过程和意识过程等，其中，意识是心理发展的最高层次，只有人类才有复杂的意识行为；在心灵层面，心灵是大脑深处对客观事物的反映，包含了人类的智慧、认识、情感、想象、意志等，体现了人类内心世界的活动，并通过各方面的情感表现出来。人类在生理、心理和心灵等层面所涉及的本体生活材料系统是十分复杂和缜密的，常常隐藏着自然生命与精神生命的材料精髓。解开人类本体生活材料所蕴含的奥秘，不仅可以引导人类更健康、更科学、更优质地生活，同时也为发明包含生命组件的仿生材料制品，具有完整生命的仿生制品，特别是为模拟人类智能、创造性思维、认知能力等人机一体化仿生材料制品提供重要的模本。

(1) 人类生理活动材料

人类生理活动材料载体是产生其他本体生活现象的基础，人类进化出了非常完善的生理功能，只有了解人类自身的生理现象所涉及的材料系统，才能更好地提升人类本体生命的质量。人类分析观察自身生理现象，生命运行的稳定性，通过对产生这些生理现象的机能器官与组织的材料系统进行研究，从而揭示人体机能产生的深层次机理，为人类自然生命保健与医疗提供了借鉴，也为人类制造仿生人体机能器官与组织提供了参考。基于人类本体生理活动材料载体，人们开发出了各种各样的人工器官，如：在运动功能方面，开发出了人工关节、人工脊椎、人工骨、人工肌腱、肌电控制人工假肢等；在血液循环功能方面，开发出了人工心脏及其辅助循环装置、人工心脏瓣膜、人工肾（血液透析机）、人工血管、人工血液等；在呼吸功能方面，开发出了人工肺（人工心肺机）、人工气管、人工喉等；在消化功能方面，开发出了人工食管、人工胆管、人工肠等；在排尿功能方面，开发出了人工膀胱、人工输尿管、人工尿道等；在内分泌功能与神经传导功能方面，开发了人工胰、人工胰岛细胞、心脏起搏器、膈肌起搏器等；在感觉功能及其他方面，开发了人工视觉、人工听觉（人工耳蜗）、人工晶体、人工角膜、人工听骨、人工鼻、人工硬脊膜、人工皮肤、义齿等。人类不仅对于自身组织的仿生研究取得了突破性进展和成果，对以人类自身局部或整体形态、结构与行为为模本的仿人机器人的研究也取得了巨大成就。研制与人类外观特征相似，具有人类智能、灵活性并能与人进行交流和不断适应环境变化的仿人机器人也取得卓越的成果。

人类以自身生理材料功能特性为启示，在制造复杂的仿生人工组织与器官上取得了惊人的成绩。目前，研发人工血管依然是组织工程领域的一项关键挑战。血管在人类机体中迂回曲折，承担着运输必要营养物质和排出有毒废物的功能，为机体器官的正常工作保驾护航。长期以来，开发新型人工血管一直是医学领域的难题。悉尼大学的研究人员利用3D打印技术将许多互联的琼脂糖生物纤维进行"焊接"

相连，从而为人工血管组织提供模板，随后研究者利用富含蛋白质的细胞材料将模型转化成为 3D 打印结构，移除生物打印纤维，只剩下人类内皮细胞包含的小通道网络，就可以自组装形成稳定的毛细血管结构，如图 2-16 所示[26]。值得一提的是，2016 年，美国维克森林大学研究团队开发出了组织和器官集成 3D 打印系统，可将含有活性人体或动物细胞的水基凝胶与可生物降解的聚合材料结合作为打印材料，有助于人造器官形成稳定结构[27,28]。打印出的人造耳朵、骨头和肌肉组织等，移植到动物身上后都能保持活性，并长出了血管和神经结构，如图 2-17 所示，这有效地解决了人造器官移植成活难题。

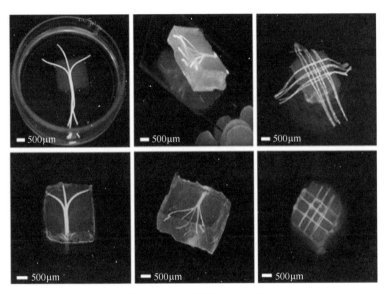

图 2-16　3D 打印仿生人工血管

基于自身机能器官以及防御、免疫、自组织、自修复等功能原理，人类开始以自身资源为模本，进行各种工程部件的仿生设计与研发，同时，将仿生学与医学、药学、保健学等有机结合，注重从分子、细胞、组织、器官、系统等多层次认识人体的结构、功能和其他生命现象，不断开发出更适合人类使用的新的仿生成果，如各种仿生人造器官与组织等，这些仿生成果都是基于人类自身资源开发的，与人体的相容性较高，人类将从中获得更好的健康保障[29]。

（2）人类心理活动材料

人类本体生活中的心理现象是极其复杂与深奥的动态过程，涉及知觉、认知、情感、情绪、意识、顿悟等多个方面。特别是人脑，它是人的机能器官，对事物具有主观反应行为。人类内心深处的图景，往往是现实生活中自己的指引，可以通过主体的外在行为推断其内在的心理活动，从而了解其对外部世界的认知行为。人的心理活动具有一定的稳定性，但同时也具有一定的可塑性和感染性，可以在一定范

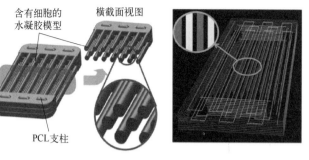
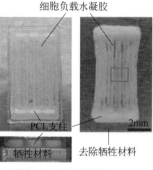

(a) 3D打印仿生人工肌肉纤维　　　(b) 肌肉组织纤维束模型　　　(c) 肌肉组织去除牺牲材料前后对比

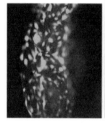
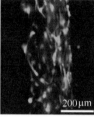

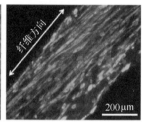

(d) PCL柱结构对于稳定3D打印肌肉组织　　(e) 纤维结构中被封装的细胞　　(f) 分化7d后，3D打印肌肉组织
和诱导细胞装载水凝胶模式的压实现象　　　活/死染色状态　　　中肌球蛋白重链的排列状态

图 2-17　3D 打印仿生人工肌肉纤维

围内对自身和他人的心理活动进行预测，也可以通过改变内在或外在因素实现对心理行为的调控。人类心理活动展现所依托的材料载体系统不仅涉及人类生理活动材料系统，还包括脑组织与神经系统等，其功能执行是一个复杂的综合材料体系协同作用的结果。例如，情绪是指伴随着认知和意识过程产生的对外界事物态度的体验，是多种感觉、思想和行为综合产生的心理活动，最普遍、通俗的情绪有喜、怒、哀、惊、恐、爱等，它渲染了人们的每一天生活，且极大地影响着人们对生活的感受。情绪是复杂的心理过程，与身体的许多外部和内部变化有关。它不仅在人与人之间的交互中起着至关重要的作用，同时对于人机界面也很重要。由于人们可能不由自主或故意隐藏自己的情绪，所以面部表情、言语和身体手势无法揭示潜在的情绪，因此分析大脑活动和生理信号可以获得更可靠的情绪识别[30]。

加拿大多伦多大学的研究者研究了情绪反馈的材料载体——大脑皮层，证实积极的情绪能提高视觉认知能力，好情绪和坏情绪完全会使人们大脑中的视觉皮层发生改变，从而改变人们对所看到的东西的认知能力。当处于好情绪时，人们的视觉皮层能处理更多的信息，但处于坏情绪时就会造成短视。积极情绪能扩展人们看世界的眼界，会使人们看事物更全面，或更加透彻和综合[31]。约翰斯·霍普金斯大学的研究者对爵士乐音乐家的大脑扫描研究发现，当艺术家们以高昂的情绪全身心活跃地尝试表达情感时，其大脑中与创造力相关的神经回路就会被明显改变。当爵士乐音乐家即兴创作旨在传达情感表达"积极"形象时，其大脑结构中的背外侧前额叶皮层区域的失活作用会明显增强，而表达"负面"形象的情绪时则正好相反，如图 2-18 所示[32]。可见，当创造力的行为参与到大脑中涉及情绪表达的区域中时，这些区域中的活性就会强烈影响大脑中处于激活状态的大脑创造力网络区域。因此，在现实生活中，人们要尽量消除不利因素，创设有利情境，引发自己和他人的积极行为。

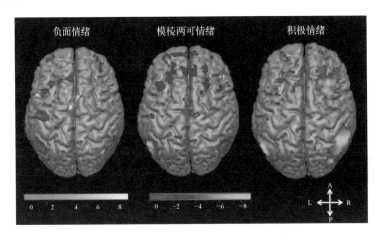

图 2-18 情绪对大脑创造力神经网络的影响

意识的形成和形态是非常复杂的，科学家迄今也很难从科学角度解释它如何从大脑胶状组织中浮现出来，这也是当今时代最大的科学挑战。大脑是一个异常复杂的器官，由近 1000 亿个细胞组成，每个细胞与 10000 个其他细胞相连，产生大约 10^5 亿个神经连接。目前，我们在理解大脑活动及其对人类行为的影响方面已取得了很大进展，但迄今为止，没有人能够解释这一切如何产生感觉、情绪和经历，神经元之间传递的电信号和化学信号如何传达疼痛感以及对惊悚事物的恐惧感等。但是，意识是人类各种心理现象中十分重要的一种心理活动，它是人脑对客观物质世界的反映，也是感觉、思维等各种心理过程的总和。人与其他生物意识的最大区别是主观能动性，即人类有自我意识，人类的自我意识体现在人类有思想、有智慧、有创造性思维。因此，人类创造出了文化与文明，极大程度地领先于地球上的其他生命体。在人类的意识活动中，潜意识蕴涵着人类过去的知觉和智慧、现在的认知和知识以及对未来的思考和想象，力量无远弗届，是潜藏在意识深处的宝藏，具有神奇的效力，有时会激发出人类无限的潜力与强大的机能。心理学家证实，人类的大脑具有潜意识学习能力，人们的行为和决定常常被潜意识的想法深深影响着，而这些潜意识的想法又很容易被当前的感知所动摇[33,34]。因此，现今人们特别注重发掘潜意识的力量，并在生活中有效利用这种潜能，获得创新灵感。

(3) 人类智慧活动材料

地球是生命的摇篮，也是智慧的摇篮。地球上形形色色的生物，组成了一个生机勃勃的世界。经过亿万年漫长岁月的进化，为在竞争中求得生存与发展，各种生物逐渐完善与优化机体的结构与功能。纵观人类和其他生物的进化历程与生存能力体系，几乎所有环节，其他生物都不比人类逊色，都有其独到之处，有些甚至比人类更强，值得人类学习。然而，与其他生物相比，人类最大的优势就是拥有智慧、自我意识和创造性思维。人类的自然生命是智慧的载体，智慧存在于人的大脑之内。不同的人所承载的智慧有所区别，智慧让人可以深刻地理解人、事、物、社会、宇宙、过去、现在、将来等，拥有思考、分析、探求真理、创造未来的能力。

人类之所以能成为万物之灵，是因为其具有高度发达的智慧，这是人类认识世界和改造世界的本源，人类的生活、劳动、学习和语言交流等活动，处处展现着人类的智慧。意向是人类智慧的一个重要方面，人类的智慧活动是有目的的、自觉的、一刻也离不开自己意向的主导。保持积极的意向、恰当的情绪和顽强的斗志，对人类智慧的发展和发挥是十分重要的。创新思维是人类智慧的核心，有了创新思维，人类才能形成各种复杂的意向，从而主导人们生活中的一切活动，表现出人类所特有的主观能动性；有了创新思维，人类才能探索自然界的奥秘，发现自然现象背后的规律；有了创新思维，人类才能发明各种技术，突破自己认识器官和行动器官的限制，大大提高改造世界的能力。人类正是基于智慧，基于创新思维，创造出了人类物质文明、精神文明与社会文明。

人类在漫长的进化过程中，创造了独一无二的文明，发展了属于自己的文化艺术和科学技术，所有这些，地球上的其他生物均望尘莫及。人类所取得的这些成果与创造的奇迹，其根本原因在于，人类具有一个创造文化的大脑智慧系统，这使得人们在适应环境的生存竞争中获取了更大的优势。人脑作为自然进化的最高产物，无论是脑结构还是其功能，是包括低等动物和高等动物的所有生物的大脑无法比拟的。人脑在每秒钟内会形成约十万种不同的化学反应，形成大量心理层面的大脑活动。

人脑的结构和功能极其复杂，需要从分子、细胞、系统、人脑和行为等不同层次进行研究和整合，才有可能揭示其奥秘。为此，世界各国投入了大量的人力和财力进行专门研究，脑科学的研究热潮遍布全球，美国把 20 世纪 90 年代最后十年定为"脑的十年"，2013 年又公布"推进创新神经技术脑研究计划"；欧洲确定了"脑的二十年研究计划"；日本将 21 世纪视为"脑科学世纪"；2015 年中国提交了"中国大脑计划"等。科学家们提出了"认识脑、保护脑、创造脑"三大目标，开发大脑潜能，有效地将脑计划研究成果应用于智能人机交互、大数据分析预测、自动驾驶、智能医疗诊断、智能无人机、军事和民用机器人技术等重要领域。"了解大脑、认识自身"已成为 21 世纪的科学面临的最大挑战。

人的大脑及大脑的思维能力是人类所有智力资源的材料载体，具有无限的认知能力和创造能力，它是人类认识和改造世界的工具。在古代科学不发达时期，人类对于大脑功能缺乏足够的认识，认为一个人无论做什么事，都是出于天生的本能，因此缺乏对大脑资源的开发和利用。现代脑科学研究表明，人类大脑有巨大的潜在能力，如何开发这些潜能，善用大脑资源，将其外化与物化，是全世界科学家正在努力攻克的难题。现今，仿生学最具挑战的领域之一是大脑仿生学，模拟人脑的功能或是利用人脑思维与意识控制仿生装置，直接把人类的想法有效地转化为"行动"，这也是仿生学研究的难点。

　　人脑资源仿生最典型的代表成果之一，就是电子计算机。从第一台计算机诞生的 1946 年到 21 世纪，计算机技术的更新换代速度非常快，运算能力增长了 10 亿倍。这种增长比从化学炸弹到氢弹的变革还要迅速，这种近似天文数字的增长速度在人类技术发展史上前所未有。1997 年，国际象棋世界冠军卡斯帕罗夫与 IBM 公司的国际象棋电脑"深蓝"展开较量，结果"深蓝"宣告胜利，这标志着电脑智能化上了一个新台阶。2016 年，韩国围棋九段李世石与英国 Deep Mind 公司开发的围棋电脑智能机"阿尔法狗（Alpha GO）"展开较量，结果阿尔法狗以 4:1 宣告胜利，这标志着电脑智能化又上了一个更新、更高的台阶。现今，人脑与电脑匹配的人机一体化操作指挥系统，与现代通信的"神经系统"、现代传感的"感知系统"结合起来，正在开创一个全新的信息网络文明时代，正在创造一个全新的"智慧地球"时代。人脑、电脑与现代通信技术、传感技术结合开创的信息网络文明，一方面在现实生活领域大踏步地推进着知识经济与多元文化的发展，另一方面又以新的技术手段为人脑与电脑拓展新的思维空间，在构建人机关系方面取得了一系列突破性的进展。智能日益提高、功能不断完善的类人机器人的研制，是人脑资源仿生的又一代表性成果，也是人机思维结合产生的又一硕果。机器人是由电脑思维控制的机器，它是人脑思维外化与物化的产物，也正是基于对人脑资源的模拟，使机器人从一般"智能机器人"提升到"智慧机器人"，从而推动人机一体化向着更高的层次发展。

　　近几年发展起来的类脑组织/芯片及脑机接口技术，也是人脑资源研究的热点方向。其中，类脑芯片可以模拟人脑的复杂处理能力，启发了神经形态计算领域，是一个使用大脑神经网络结构作为下一代计算机基础的研究领域。瑞士洛桑联邦理工学院研究者将大面积 MoS_2 作为有源沟道材料，开发了一种基于浮栅场效应晶体管（FGFETs）的存储器中的逻辑器件和电路[35]。研究人员以可编程 NOR 门为演示对象，证明了该设计可以简单地扩展以实现更复杂的可编程逻辑和功能完整的操作集。研究展示了原子层超薄半导体二维材料在下一代低功耗电子产品方面的巨大应用前景，为类脑芯片的存算一体化开发提供了重要的材料支撑。

　　脑机接口技术，也是通过研究人类不同寻常的大脑皮层表面神经信号，在人脑（或者脑细胞的培养物）与外部设备间建立直接连接通路，能够实现脑与外部设备间的信息交换，不仅可用于恢复人类损伤的听觉、视觉和肢体运动能力，还可以帮助像物理学家霍金一样的神经渐冻症病人，或者是因脊髓损伤导致高位截瘫的残疾人与外界进行沟通交流[36]。脑机接口是现阶段神经系统工程项目领域最活跃的研究内容之一，脑机接口技术在生物医学工程、神经康复、服务机器人等领域有非常大的科学研究价值和广阔的应用前景。伴随着"侵入型"脑机接口技术的与时俱进，"非侵入型"脑机接口也迈上了新的台阶。近年来，中美33位科学家联合开发了一种新型的脑机接口微型设备（分为头戴式和背戴式），其携带的LED柔性细丝探针（顶端有LED），通过一个微小的颅骨缺口向下延伸到大脑内部，通过光纤与大脑的连接，以光作为媒介刺激动物的神经元，继而达到控制神经活动的目的。研究人员通过LED四种不同颜色的光——蓝、绿、黄和红，控制动物四种不同的神经活动，进而来调节小鼠的大脑活动，如图2-19所示[37]。

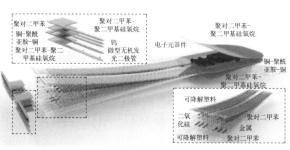

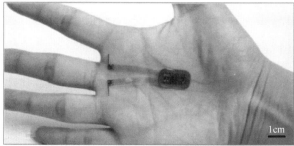

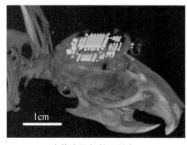
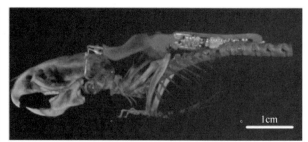

(a) 头戴式脑机接口设备
与在小鼠身体上的CT图

(b) 背戴式脑机接口设备与在小鼠身体上的CT图

图2-19 头戴式和背戴式脑机接口设备及应用

人类的大脑不是地球上生物中最大的，但人类的智慧却显得十分突出，远在动物智力发展的一般趋势之上。从原始人类最初使用信号语言的悟性思维、用手势与声调表达的动作思维发展到智人的文化符号、语言思维，再到现代人类理性与创造性思维，人脑在动物脑长期演进的基础上发生了更大的飞跃，从而使人类的智力远远超越于动物，并发展成地球生物中独有的人类智慧。人类不是自然界最强大、最强壮的，但却是自然界中综合素质与智力最高的生物。人类在向自然界生物学习的同时，也开始注重向自身学习，人类本体生活中的各种生活材料已经成为现代仿生学十分重要的仿生模本。

生活中的各种生活材料对人们的启示是难以估量的，它帮助人们解决难解之题，为人们艺术创作与科技创新提供超乎寻常的灵感，人们时刻都在利用生活材料所蕴含的智慧与规律进行着各种创造。这些生活材料普通、平常，以至于人们经常忽略它，然而正是这些材料却往往蕴含着大启示，甚至成就了历史上举世闻名的发现、发明和创造。从蒸汽机到内燃机，从电动机到自动化装备，从天然产物到化工产品，从电能到原子核反应堆，每一次科学技术革命创造出的成果都是人类智慧的结晶，而许多都依稀可寻到生活材料与生活现象的影像。人们在观察中领略到人类自己创造出的生活材料的神奇，在思考中体会生活材料所展现的奥秘，将生活中的各种材料作为仿生模本进行仿生设计，这将会推动更贴近人类生活的仿生制品不断产生。

2.3 生境材料

自然生境是人类生活和生产所必需的自然条件和自然资源的总称，即阳光、温度、气候、地磁、空气、水、岩石、土壤、动植物、微生物以及地壳的稳定性等自然因素的总和，是人类与生物生存发展的终极物质来源。大自然是人类和生物的生命之源，为人类提供了生存所必需的富足资源，人类从大自然生境中获得了发展文明的资源与智慧，使得人类文明持续演化，造就了今日的进步与繁荣。材料不仅是生物各种行为、功能的物质载体，也是支撑自然环境、自然现象、自然生态的物质基础，如山川、雨雪、森林、湿地等都是生境材料从纳观、微观、宏观不同尺度的组装与复合。生境材料是指人类与生物生活中的各种各样的自然环境、自然现象与自然生态的天然物质载体材料。人们借鉴生境材料形成的原理与规律，开发出了许多先进的仿生材料与技术，解决了工程领域许多技术难题。

模仿生境中的自然景观、自然现象与自然生态蕴含的无穷奥秘与优良资源管理体系，这种设计能够真正达成资源与能源的可持续，真正做到回归自然，将会成为仿生学原始创新的新领域。

2.3.1 自然景观材料研究

自然景观的含义十分广泛，包括地形景观、地质景观、水文景观、森林景观、天文景观、气候景观、生物景观等，即人类周围的环境因子，如空气、水、生物、地等一切可见及可觉察的事物都是景观的构成要素。自然景观不仅是空间性的，也是时间性的，有时候是静态的，也常有动态的。一切自然景观都是大自然长期变化的产物，由大自然的鬼斧神工雕造而成，具有天赋性的特点。同时，自然景观是由各种自然要素相互作用而形成的自然环境，其中包括：地理环境，如平原、丘陵、高原、山川、草地、沙漠、湖泊、海洋等；物理环境，如热场、电场、磁场、力场以及动态的运动学、动力学环境等；气候环境，如热带、亚热带、大陆性、海洋性等。自然景观各个要素之间所具有的各种复杂多样的因果关系和相互联系的特点，反映在自然景观的各个方面，因此自然景观的具体成因、特点和分布，都是有科学道理的。

每一个自然景观都有其存在的意义与价值，所蕴含的神秘值得人类去探索和学习。例如，山脉的存在起到阻挡季风（夏季风和冬季风）、影响降水、决定河流方向、改变区域气候的作用。雨林是人类乃至整个生物界生存活动所不可缺少的重要条件，如果它不复存在，地球的环境气候都将产生重大的变化，而那样的变化无疑是一场毁灭性的灾难。雨林里茂密的树木在进行光合作用时，能吸收二氧化碳、释放出大量的氧气，就像地球上的一个大型"空气净化器"，所以热带雨林有"地球之肺"的美名。除此之外，热带雨林水源丰沛，蒸发后凝结成云，再降雨，成为地球水循环的重要部分；不仅有助于土壤肥沃与生物生长，也有调节气候的功能。雨林也具有自然防疫作用，其中的一些树木能分泌出杀伤力很强的杀菌素，杀死空气中的病菌和微生物，对人类有一定保健作用。同时雨林对气候有调节作用，浓密的树冠在夏季能吸收和散射、反射掉一部分太阳辐射能，减少地面升温；冬季森林叶子虽大都凋零，但密集的枝干仍能削减吹过地面的风速，使空气流量减少，起到保温保湿作用。不仅如此，雨林还能起到改变低空气流、防止风沙、减轻洪灾、除尘和对污水过滤、涵养水源、防止水土流失与土地荒漠化的作用。

这些自然景观的形成与运行，都以材料为物质基础，人们通过揭示这些自然景观材料特征及其与不同环境因子间的相互作用机制与变化规律，开发出了许多基于自然环境材料的新型仿生材料。例如，沙子、砂砾石、沙漠等是自然界最常见的自然景观，其自身的存在可能对人类的贡献不大，但是其既然存在，就有合理之处，一定有其对地球独特而无法替代的作用，等待人类去探究。如沙漠的地表覆盖的是一层很厚的细粒状的沙子，给人类带来很大危害，它吞没农田、村庄，埋没铁路、公路等交通设施。然而，沙波纹是沙漠中最独特的景观，直径在微米量级的沙颗粒在风场作用下会呈现出形状相似但尺度相去甚远的沙波纹〔厘米量级，主要有直线状、弯曲状、链状、舌状和新月状五种波纹形态，如图 2-20（a）所示]、沙丘（数十米量级）、沙山和沙垄（数千米量级）等[38]。这种地貌景观不仅存在于地球上，也已经被发现存在于太阳系的其他行星上，如：火星[39] [如图 2-20（b）和图 2-20（c）所示[40]]、金星[41,42] 和土卫六 Titan（泰坦）[43,44] [如图 2-20（d）所示[45]]。在风力作用下，一颗颗尺度在微米量级的沙粒进行着看似彼此毫无关联的无序运动，但却可以按一定规律排列成尺度为厘米量级的沙波纹和尺度为千米量级的沙垄等。同时，这种颗粒物质系统构成的图案并非一成不变，而是具有自修复和碰撞等一系列丰富的动力学行为[46]，如图 2-21 所示。对这种具有多层次、跨尺

(a) 地球表面沙波纹　　　　　　　　　　(b) 火星表面波纹

(c) 放大的(b)图　　　　　　　　　　　(d) 土卫六表面沙波纹

图 2-20　不同星球表面沙波纹形态

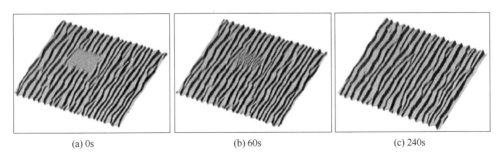

(a) 0s　　　　　　　　　(b) 60s　　　　　　　　　(c) 240s

图 2-21　沙波纹修复过程（沙床面积为 1.5m×1.5m）

度、自组织、自修复、临界性和非线性特征的复杂系统，以及对这种从无序到有序的发展过程的认识、理解和描述，是当今众多学科领域的研究前沿与热点，沙丘驻涡火焰稳定器的发明就是受这一自然现象启示的最好例证[47]。不仅如此，研究并揭示这种颗粒物质表面形态、系统形成、发育、分布和演变的规律，不仅对风成地貌这种自然现象有更全面和清晰的认识，还可以为工程仿生领域构建稳定的动力学系统提供理论指导。

"沙漠玫瑰石"又称"风砺石"，主要存在于浩瀚戈壁，主要成分为含水硫酸钙，是方解石、石英、硬石膏的共生结晶体，它是沙漠中的石头在含硫雾气中，经过日晒和风蚀而形成的，如图2-22（a）所示[48]，质地坚硬。美国华盛顿州立大学的研究者通过模仿"沙漠玫瑰石"这种自然景观的材料形成原理与结晶结构，采用3D打印技术生成了包含银纳米颗粒的雾状微滴，并将其沉积在指定位置，雾状液体蒸发后，留下的银纳米颗粒会形成精细的结构，如图2-22（b）所示。这种细小的结构与"装配式Tinkertoy"积木的构造类似，多孔且表面积极大，采用这种方式制造的分层多孔支架、可拉伸铰链、支柱阵列和四螺旋架等强度很高，如图2-23所示。基于这种"沙漠玫瑰石"结晶材料取得的技术突破可用于轻量化超强材料、催化转化器、超级电容器和生物支架等。

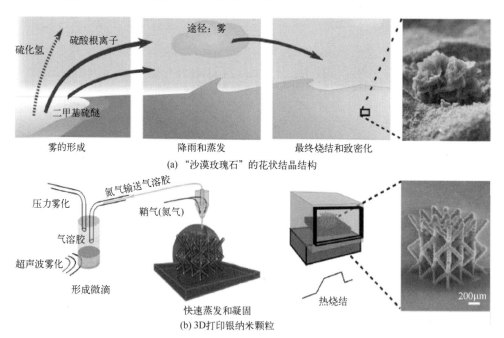

(a)"沙漠玫瑰石"的花状结晶结构

(b) 3D打印银纳米颗粒

图2-22 仿"沙漠玫瑰石"的花状结晶过程3D打印银纳米颗粒

沙子主要成分为二氧化硅，是彻彻底底的"不可燃"物质，甚至有专门的"消防沙"用于灭火。日本的科研人员发现，向固体推进剂的配方中添加硅藻土（约9

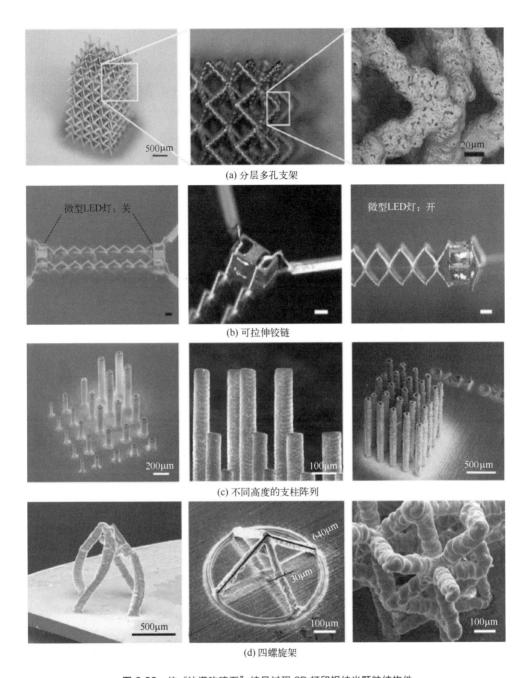

(a) 分层多孔支架

微型LED灯：关

微型LED灯：开

(b) 可拉伸铰链

(c) 不同高度的支柱阵列

(d) 四螺旋架

图 2-23 仿"沙漠玫瑰石"结晶过程 3D 打印银纳米颗粒结构件

成为二氧化硅），能够显著提高其燃烧速度[49]。中国的研究者利用喷雾干燥技术制备了一些介孔的二氧化硅球形颗粒沙，将其掺于铝/聚偏二氟乙烯（Al/PVDF）的体系中，同样是在氩气中燃烧，加了二氧化硅的燃速比不加的燃速快 4 倍，而且火焰更大、更亮，可见沙子本身是用来灭火的材料，却也能促进含能材料燃烧[50]。西北师范大学的研究者利用沙漠中的沙子制备了具有油下超亲水性质的沙层，并探究了对油包水乳液分离的可能性。高极性的沙层能够在油环境中吸附油包水乳液中的极性水，即使在沙层孔径大于乳液粒径的条件下，也成功实现了各种油包水乳液的高效分离，其分离效率高达 99.99％，滤液通量高达 2342 L/(m² · h)，如图 2-24 所示。此外，吸附饱和的沙层经过无水乙醇清洗后，仍然表现出高的分离效率和较好的循环分离性能[51]。与以往报道的油包水乳液分离材料相比，利用沙层实现油包水乳液的分离具有制备简单、成本低、环境友好和滤液通量大等优点。所需要的沙子可以直接从沙漠中获取，简单清洗干燥后即可使用。此项研究打破了以往报道的油水乳液分离超浸润材料必须借助筛分效应的设计思维，为开发新型乳液分离材料提供了思路。

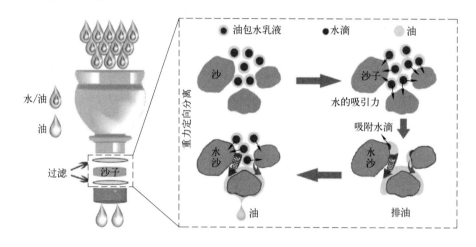

图 2-24　油包水乳液分离的砂层应用示意图

水滴、水流、水域是大自然界最壮丽的景观之一，水的各种奇特物理和化学性质与水分子之间氢键的相互作用紧密相关，北京大学的研究者在 NaCl（001）薄膜表面上获得了单个水分子和水团簇的轨道图像，如图 2-25 所示，使在实际空间中直接解析水的氢键网络构型成为可能[52]。这使得研究人员可以在实验中直接识别水分子的空间取向和水团簇氢键的两种不同方向性，将促进材料仿生在水科学领域取得重大突破。此外，在不同的条件下，由于水的分子结构不同，水会以不同的形态存在，这为人类开展仿生技术带来了巨大启示。例如，水通常在 0℃时结冰，但水在 0℃以下时也可保持液体状态，称作过冷却水。过冷却水在大气中经常存在，如在云中就常常含有过冷却的水滴，它常与冰晶并存，对降雨和形成雪花、冰雹、冻雨起重要的作用。因此，通过对过冷却水的结冰特性进行原理探究，将会带动对同温层中云的研究和在冰点下活动的动植物细胞内存在的过冷却水的研究。如果今

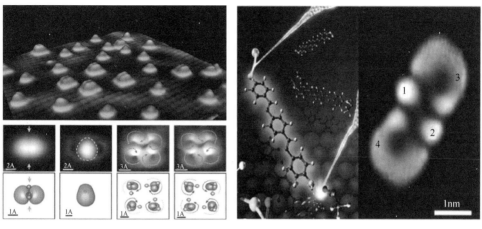

|(a) 单个水分子|(b) 四分子水团簇|

图 2-25 单个水分子和四分子水团簇的空间姿态

$$1\overset{\circ}{A} = 10^{-10}m$$

后能够控制这两种水的临界点，就可以自由控制水的结晶，对人类改善地球环境和开发仿生冷却保存材料技术极有价值。

学习不同自然景观环境因子与材料因素间的相互作用及变化规律，探索生命与非生命有机交融的大自然的运行机制，并将其作为模本进生境材料仿生设计，必将会发明创造更多满足自然环境、人文环境、工程环境绿色可续发展的仿生制品。

2.3.2 自然现象材料研究

自然现象指自然界中由于大自然的运作规律自发形成的某种状况，其完全不受人的主观能动性因素影响，主要有物理现象、地理现象、化学现象等几大类，如云、雾、风、雨、雪、冰、台风、暴雨、响雷、闪电、洪涝、干旱、雪崩、泥石流、地震、海啸等，月的阴晴圆缺、一年四季变化、气候的冷暖、白天黑夜转换等。自然界有许多自然现象蔚为壮观，蕴涵着众多奥秘，有些目前暂且无法准确解释，但是这些奇特的自然现象极具魅力，释放出大自然所独有的绚丽，如多彩的北极光、预示恶劣天气的乳房云、像冰矛一样的融凝冰柱、会移动的石头、席卷冰雹或暴风雨的超级气流柱、高度可达 9.14～60.96m 的火焰龙卷、如同重力波一样的摆动波纹云层等。随着科学技术的发展，不仅许多自然现象产生的原理与规律逐渐被揭示，这些自然现象的材料载体系统也逐渐被解析，人们不仅利用自然现象本身的力量来为人类自身服务，同时也根据自然现象形成的材料学原理进行新技术与新产品的开发与创造。

自然现象是由自然因素作用产生的种种现象，对人类与生物，有的有利，有的有害，有的既有利亦有害；有的有规律性，有的无规律性，有的偶发，有的随机；有的相当大，大到影响震惊世界，有的很小，小到难以察觉。在自然界，自然现象随处可见，时时发生。例如，水是氢和氧的化合物，在自然界以固态冰/雪、液态水、气态蒸气三种聚集状态存在，是地球上各种生灵存在的根本，是生物体最重要的组成部分，在生命演化中起到了重要的作用。水的变化和运动造就了我们今天的世界，在地球上，水是不断循环运动的，海洋和地面上的水受热蒸发到天空中，这些水汽又随着风运动到别的地方，当它们遇到冷空气，会形成降水又重新回到地球表面。这种降水分为两种，一种是液态降水，这就是下雨，另一种是固态降水，这就是下雪或下冰雹等。同时雪花在不同的温度和湿度下会形成多达 39 种不同的晶体形状，如树枝星状、针状、柱状、冠柱、星盘状等，如图 2-26 所示[53]，通过研究雪花不同形状与结晶过程，人们将雪花晶体结构用于控制硅和半导体等材料的晶体生长过程，同时也应用于结晶学，帮助人们分析物体结晶过程。

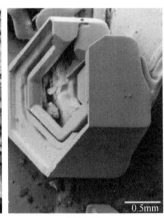

(a) 树枝状　　　　　　　　(b) 针状　　　　　　　　(c) 柱状

图 2-26　雪花不同的晶体形状

韩国蔚山国立科学技术院研究者受到自然界中液滴的表面张力、自由聚合等最常见的自然现象启发，制备了能够在光、磁和静电刺激下产生反应的表面活性剂，使得包裹在内的液滴可以被遥控、组装，像机械齿轮一样旋转并且可以按需要融合在一起。研究者制备纳米二聚体颗粒，使其汇集所需的响应特性，该二聚体一部分含金，可以用光来处理；一部分是氧化铁，具有磁性，如图 2-27 所示[54]。如果光束碰到液滴的边缘，这些液滴在光线下开始快速旋转，会导致相邻的液滴也跟着旋转，并且像机械齿轮一样传递给接触到的液滴。同时电场可以融合液滴，将液滴"焊接"起来，形成一个哑铃状的"反应堆"，如图 2-28 所示。这些液滴可以 3D 打印成不同的模式，其中最具潜力的用途是用作纳米反应器，可以用光引导这些反应器，按需要将它们融合，控制反应序列。

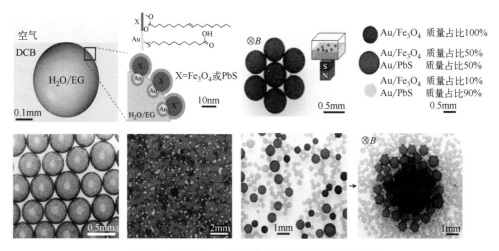

图 2-27　纳米粒子二聚体作为非磁性或磁性表面活性剂

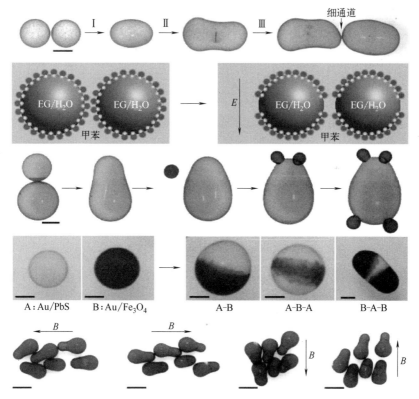

图 2-28　对液滴进行静电"焊接"使其具有复杂形状

自然现象材料助力科技创新无处不在，如受水结冰与冰融化/气化等自然现象
与形成材料的启发，人们开发出了许多前沿的制备技术，如制备自组装材料、矿化

材料、石墨烯材料、复合层状材料、多孔材料等常用的冷冻铸造、冰模板、冻干等方法，借助这些前沿技术，人们又开发出了许多具有特殊结构和功能的新型材料。例如，北京化工大学研究者将双向冷冻技术应用于制备轻质层状石墨烯气凝胶，气凝胶具有良好电导率网络结构与高弹性，已成功应用于人体手腕脉搏探测和手指弯曲测试。研究者采用乙醇辅助双向冷冻方法，然后通过冻干和热退火制备片状石墨烯气凝胶（LGAs），如图 2-29 所示[55]，由于石墨烯片层间的连接点较少，LGA 沿垂直于石墨烯片层方向的抗压强度大幅降低，抗压应变响应超灵敏。基于 LGA 的压阻式传感器灵敏度高，检测限低，具有高频压力检测能力，适用于室温和液氮中微小压力的检测，弯曲传感器检测限可达 $0.29°$。韩国成均馆大学研究者通过冷冻干燥和热退火工艺，以向日葵花粉为原料，制造出一种花粉海绵，在 2min 内可以吸收掉水中大多数有机溶剂而不会吸水，1g 花粉海绵吸收量均大于 10g，其中氯仿的吸收量超过了 29.3g。其方法是用水、丙酮和乙醚对花粉颗粒进行冲洗以去除花粉胶，随后将花粉颗粒在 80℃的氢氧化钾水溶液中回流 2h，以除去内容物，仅保留花粉壳。然后重新加入氢氧化钾水溶液，在 80℃下浸泡 3d，紧接着将花粉壳在 -20℃下冷冻干燥 2d，借助冰晶的成核作用迫使花粉壁分层，从而形成了具有3D 多孔结构的花粉海绵，如图 2-30 和图 2-31 所示[56]。

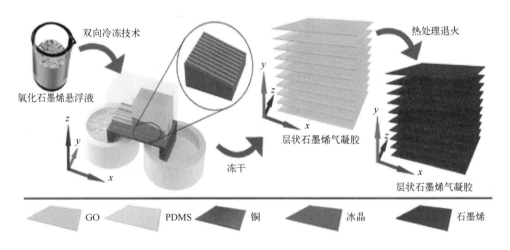

图 2-29 双向冷冻和冻干法制备层状石墨烯气凝胶

　　美国加州大学圣地亚哥分校的科学家根据自然界彩虹形成的特性，采用水滴模拟了自然界中发现的所有彩虹。他们通过模拟光如何与各种形状和大小的水滴相互作用的方法创造了各种各样的彩虹，如主虹、副虹、夕阳下的彩虹和雾，同时还利用新方法产生了逼真的、难以复制的"孪生彩虹（twinned rainbows）"。美国航空航天局（NASA）兰利研究中心的研究者在实验室中重现了北极光产生的条件，在一个名为"Planeterrella"的玻璃容器中制造出了瓶装的北极光，进一步加

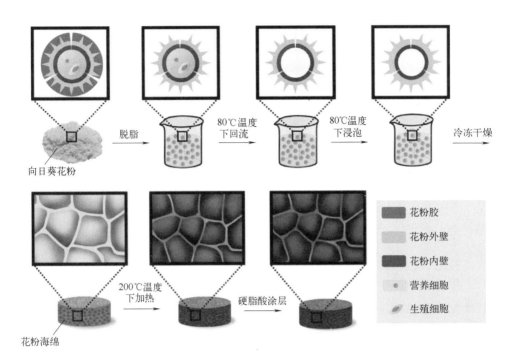

图 2-30　吸油花粉海绵的分步制造过程示意图

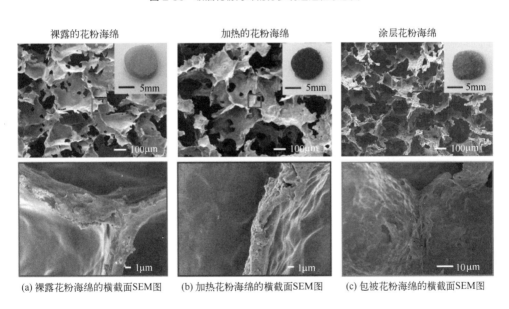

(a) 裸露花粉海绵的横截面SEM图　　(b) 加热花粉海绵的横截面SEM图　　(c) 包被花粉海绵的横截面SEM图

图 2-31　花粉海绵的结构表征

快了人们对极光产生的光电学原理的应用步伐。

　　在人类生存的环境中，自然现象本身不仅为人类生存与发展做出了贡献，而且其材料形成蕴涵的原理与规律也为人类解决工程技术难题提供了重要启示。同时人们也越发注重发掘和利用那些对人类有负作用的自然现象所蕴含的巨大力量，如雪崩、海啸、龙卷风暴、潮汐等，甚至对一些鲜为人知的自然现象也在进行积极探究，如太阳风、极光、黑洞等。危机也是转机，探索这些有负作用或者鲜为人知的自然现象及材料形成原理与规律，能让人更大胆地创新，将以往认为不可能驾驭的力量变成新的可能。只要遵循师法自然的大理念，就可以用更少的能源，创造出更多的价值，甚至可以淘汰或减少现代人类生产与生活中认为不可或缺的元素与产品，获得远比我们期待还要好的永续发展模式。

2.3.3 自然生态材料研究

自然生态系统指在自然界一定的时间和空间内，依靠自然调节能力，生物与环境构成的统一整体，在这个统一整体中，生物与环境之间相互影响、相互制约，并在一定时期内处于相对稳定的动态平衡状态。生态系统的范围可大可小，相互交错，最大的生态系统是生物圈，最为复杂的生态系统是热带雨林生态系统。自然生态系统可以分为：水生生态系统，即以水为基质的生态系统；陆生生态系统，即以陆地土壤或土壤母质（风化作用使岩石破碎，理化性质改变，形成结构疏松的风化壳，其上部可称为土壤母质）等为基质的生态系统。生态系统是开放系统，许多基础物质在生态系统中不断循环，为了维系自身的稳定，生态系统需要不断输入能量，否则就有崩溃的危险。

生态系统的一个重要特点是它常常趋向于达到一种稳态，这种稳态是靠自我调节过程来实现的，调节主要是通过反馈进行的。当生态系统中某一成分发生变化时，它必然会引起其他成分出现相应的变化，这种变化又会反过来影响最初发生变化的那种成分，使其变化减弱或增强，这种负反馈能够使生态系统趋于平衡或稳态。生态系统中的反馈现象十分复杂，既表现在生物组分与环境之间，也表现于生物各组分之间和结构与功能之间等。

生态系统中的物质与能量总是永续循环的，废弃物并不存在，一种生物所产出的看似毫无价值的物质或能量，对于另一种生物来说，可能是极其珍贵的生存资源，毫不浪费。例如，在深海生态系统中，在海底沉积物中，含有大量以微生物质形式存在的碳，其病毒的产量是非常高的，病毒感染能使真核生物质产量减少80%以上（在 1000 m 深度之下接近 100%），从而将大量溶解的有机碳释放进深海中，为其他生物提供大量的食物。在食物资源匮乏的水域，这种营养物的注入尤为重要[57]。因此，病毒在地球化学循环、深海代谢和其他生态系统中的总体功能方面扮演一个重要角色。同样，在其他生态系统中，寄生虫和其他传染性媒介的地位也是举足轻重的，它们在这些生态系统中有相当大的生物量，甚至超过顶级捕食者的生物量，它们对一个生态系统产生重大影响，其影响的方式是以某种显著的猎物或捕食者为目标[58]，从而控制生态系统中猎物或捕食者的平衡。生态系统与其他集体结构（如供应链、集群、组织领域和网络）的区别在于这四个主要特征：系统级结果、参与者异质性、相互依赖性和协调机制[59]。

生态系统中，每一位参与者靠着周边的空间与养分，以及为了满足基本需求的动力，努力贡献一己之长，不断演化，出现危机时就及时调整，没有一种生物可以脱轨运作太久，也没有任何参与者可以主宰整个系统，而是有很多空间容纳每一位贡献者[60,61]。只要观察大自然，就会发现生态系统因广纳所有的参与者而变得更多元化，也更有效率。对于人类生态系统而言，过度使用不可再生资源已经成为人类的弱点，使用有毒化学成分净化水与空气更是雪上加霜，非核心资源废弃不用，甚至加以破坏，同样是人类生态系统的一大弱点。现今，人类意识到自然生态系统运作巧妙，永远都有充足的资源供应万物，为万物带来了共同的效益，因此师法生态系统多年演化出的模式，采用生态制造，将会取得传统制造无法媲美的成效。

生态系统不光为人类提供了干净的用水、清新的空气、肥沃的土壤，还有永无止境的演化，同时它随时都在寻找更好的解决方案提升运行效率。生态系统中的每一位成员彼此串接能源与养分，知道如何把短缺转变成充裕，并最终变成富足，创造万物所需。人类若想改变当前资源短缺、过度污染、极度浪费的生产模式，可以从生态系统中获取灵感，把人类造成的"短缺"转变成"充足"，甚至是"富足"。全球人类的需要已快超出地球的承载能力，虽然已经获得很多利益，但人类远未满足。人类的物质生活形态需要用化石燃料、煤炭、核能、太阳光、电和风等制造更多的能量才能延续下去。然而，生态系统里没有一名成员需要化石燃料或是通电才能生产，废弃物也不是自然生态系统产出的结果。在自然生态系统中，一个流程的废弃物总是另一个流程的养分、原料或能源，不留任何废弃物或造成无谓的能量损耗，一切东西都属于养分流的其中一环。

随着人们对低耗、绿色、可持续材料的追求，现今，很多人把目光放在人类生活必然产生的废弃物上，人们开始意识到"废料只是放错了的资源"，将其真正利用起来进行可持续应用研究，将会像真正生态系统一样，永续循环。例如，碳纤维由一种叫作丙烯腈的化学分子制成，而丙烯腈的制造材料则是石油、氨、氧气和昂贵的催化剂。这不仅意味着碳纤维的制备受制于化石能源，而且制备过程中还会产生大量多余热量和有毒的副产物。美国可再生能源国家实验室的研究者利用植物废弃的部分，例如玉米秸秆和小麦秸秆，成功地制造出了丙烯腈。研究者将这些植物材料分解成糖，再转化成酸，并与廉价的催化剂结合生产出了丙烯腈，而且该过程不会产生过多热量和有毒副产品[62]。荷兰乌得勒支大学的研究者发现一种由炼油厂的废弃催化剂催化热裂解聚丙烯的回收方法[63]。炼油厂用于裂解真空瓦斯油

（vacuum gas oil）制备汽油的 FCC（流化催化裂化）催化剂，一般由陶土、氧化铝、氧化硅、沸石等整合而成，在炼油过程中担负将重油中的长链烷烃裂解为分子量更低的有机化合物的作用。采用炼油废弃催化剂催化塑料时，使用过程中会沉积 Fe、Ni、V 等少量金属颗粒，而这些金属颗粒有利于热裂解聚丙烯，并催化裂解产物芳香化。

废弃的玉米秸秆是一种天然的高分子材料，但由于其在较低的温度就开始热分解，因此没有办法通过热塑再加工利用，通常情况下都是焚烧处理。南京林业大学的研究者研发了秸秆"改性塑形"生物质新材料，能替代传统人造板工艺中的木塑材料，并能有效提高人造板弯曲强度等基本属性，还能避免使用胶黏剂等对环境污染的化学物质。常规石墨烯材料生产主要有三种方式，一种是对石墨进行剥离；第二种是对天然气、甲烷等进行化学气相沉积；第三种是氧化石墨还原法。以上方法存在生产周期长、环境污染严重以及产能受限等问题。黑龙江大学的研究者利用玉米芯里纤维素进行化学重组，从而合成生物质石墨烯材料。该团队通过"基团配位组装析碳法"实现了生物质石墨烯材料的宏量制备，同时还在研发利用玉米秸秆制备石墨烯的制备工艺。

随着智能电子时代的到来，每年产生的电子废弃物对环境造成了严重的污染，以美国为例，仅在 2014 年，美国就创造了近 726 万 t 的电子废弃物，而所有这些电路板、晶体管、硬盘都含有必须妥善处理的有毒化学物质。因此，许多研究者将目光投向了自然生态系统材料中的回流、再生与永续发展模式，力求打造更加环保、可完全回收的电子设备。美国科罗拉多大学的研究者开发了一种可以完全回收的"电子皮肤"，而且即便被撕裂，也能够自我修复。该仿生材料是一片装有传感器的薄膜，能够测量压力、温度、湿度以及气流，由 3 种现已商用的化合物以及纳米银颗粒混合制成，如图 2-32（a）所示[64]。这种"电子皮肤"新材料的特殊之处在于，它可以回收再利用，即便严重受损也可以通过"回收溶液"来回收利用。当可延展的电子皮肤机械切割破损时，可以通过涂抹少量再愈合剂和热压来重新愈合电子皮肤，如图 2-32（b）所示。使用溶液可以将其基质分解为小分子，产生底部含有溶解的低聚物/单体和 AgNP 的溶液。该溶液和 AgNP 可以重复使用，以制作新的电子皮肤，如图 2-32（c）所示。在 60℃ 的情况下，完整回收耗时 30 min 左右，如果在室温下，则需要 10 h。

每个生态系统都可以达到自给自足的状态，虽然人们往往会觉得资源不足，但只要仔细观察就会发现，其实人们所处的境况相当富足，这些富足的资源能生产出很多东西，只需要调控资源的最佳配置与使用，便能衍生出更多的生物链与产业链。大自然随时都在演变，人们一旦注意到大自然的巧妙运作后，就会明白如何串接养分与能量，并采用仿生策略用可再生资源提供能量，把短缺资源转变成富足的资源，让整个人类生态系统变得更有效率。

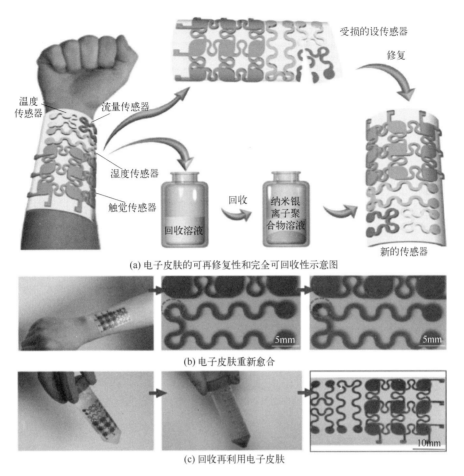

温度传感器

流量传感器

湿度传感器

触觉传感器

受损的设传感器

修复

回收

回收溶液

纳米银离子聚合物溶液

新的传感器

(a) 电子皮肤的可再修复性和完全可回收性示意图

5mm

5mm

(b) 电子皮肤重新愈合

10mm

(c) 回收再利用电子皮肤

图 2-32 可以完全回收的"电子皮肤"

参考文献

[1] Xu Z，Wu M，Gao W，et al. A sustainable single-component "Silk nacre" [J]. Science Advance，2022，8 (19)：eabo0946.

[2] Mayer G. Rigid biological systems as models for synthetic composites：Materials and biology [J]. Science，2005，310 (5751)：1144-1147.

[3] Yao H，Dao M，Imholt T，et al. Protection mechanisms of the iron-plated armor of a deep-sea hydrothermal vent gastropod [J]. Proceedings of the National Academy of Sciences，2010，107 (3)：987-992.

[4] Li L，Ortiz C. Pervasive nanoscale deformation twinning as a catalyst for efficient energy dissipation in a bioceramic armour [J]. Nature Materials，2014，13 (5)：501-507.

[5] Weaver J C, Milliron G W, Miserez A, et al. The stomatopod dactyl club: A formidable damage-tolerant biological hammer [J]. Science, 2012, 336 (6086): 1275-1280.

[6] Van W S, Ortlieb E J, Mielke M, et al. Woodpeckers minimize cranial absorption of shocks [J]. Current Biology, 2022, 32 (14): 3189-3194.

[7] Rivera J, Hosseini M S, Restrepo D, et al. Publisher correction: Toughening mechanisms of the elytra of the diabolical ironclad beetle [J]. Nature, 2021, 590 (7844): E21.

[8] Zylinski S, Johnsen S. Mesopelagic cephalopods switch between transparency and pigmentation to optimize camouflage in the deep [J]. Current Biology, 2011, 21 (22): 1937-1941.

[9] Rassart M, Colomer J F, Aberrant T T, et al. Diffractive hygrochromic effect in the cuticle of the hercules beetle dynastes hercules [J]. New Journal Physics, 2008, 10 (3): 033014.

[10] Archetti M. Evidence from the domestication of apple for the maintenance of autumn colours by coevolution [J]. Proceedings of the Royal Society, 2009, 276 (1667): 2575-2580.

[11] Fadzly N, Jack C, Schaefer H M, et al. Ontogenetic colour changes in an insular tree species: signalling to extinct browsing birds? [J]. New Phytologist, 2009, 184 (2): 495-501.

[12] Kragl M, Knapp D, Nacu E, et al. Cells keep a memory of their tissue origin during axolotl limb regeneration [J]. Nature, 2009, 460 (7251): 60-65.

[13] Yoon E, Dhar S, Chun D E, et al. In vivo osteogenic potential of human adipose-derived stem cells/poly lactide-co-glycolic acid constructs for bone regeneration in a rat critical-sized calvarial defect model [J]. Tissue Engineering, 2007, 13 (3): 619-627.

[14] Vaughn D, Strathmann R R. Predators induce cloning in echinoderm larvae [J]. Science, 2008, 319 (5869): 1503.

[15] Novoselov K S, Geim A K, Morozov S V, et al. Electric field effect in atomically thin carbon films [J]. Science, 2004, 306 (5696): 666-669.

[16] Chen W, Yan L. Centimeter-sized dried foam films of graphene: preparation, mechanical and electronic properties [J]. Advanced Materials, 2012, 24 (46): 6229-6233.

[17] Li J, Hou Y, Liu Y, et al. Directional transport of high-temperature janus droplets mediated by structural topography [J]. Nature Physics, 2016, 12 (6): 606-613.

[18] Xie G, J Forth, Zhu S, et al. Hanging droplets from liquid surfaces [J]. Proceedings of the National Academy of Sciences, 2020, 117 (15): 8360-8365.

[19] Neville R M, Scarpa F, Pirrera A. Shape morphing kirigami mechanical metamaterials [J]. Scientific Reports, 2016, 6 (1): 31067.

[20] Chen Y, Rui P, Zhong Y. Origami of thick panels [J]. Science, 2015, 349 (6246): 396-400.

[21] Zhao Y, Gao S, Zhang X, et al. Fully flexible electromagnetic vibration sensors with annular field confinement origami magnetic membranes [J]. Advanced Functional Materials, 2020, 30 (25): 2001553.

[22] Babaee S, Shi Y, Abbasalixadeh S, et al. Kirigami-inspired stents for sustained local delivery of therapeutics [J]. Nature Materials, 2021, 20 (8): 1085-1092.

[23] Jin L, Forte A E, Deng B, et al. Kirigami-inspired inflatables with programmable shapes [J]. Advanced Materials, 2020, 32 (33): 2001863.

[24] Chen S, Liu Z, Du H, et al. Electromechanically reconfigurable optical nano-kirigami [J]. Nature Communications, 2021, 12 (1): 1299.

[25] Liu Z, Du H, Li J, et al. Nano-kirigami with giant optical chirality [J]. Science Advances, 2018, 4 (7): 4436.

[26] Bertassoni L E, Cecconi M, Manoharan V, et al. Hydrogel bioprinted microchannel networks for vascularization of tissue engineering constructs [J]. Lab on a Chip, 2014, 14 (13): 2202-2011.

[27] Kang H W, Lee S J, Ko I K, et al. A 3D bioprinting system to produce human-scale tissue constructs with structural integrity [J]. Nature Biotechnology, 2016, 34 (3): 312-319.

[28] Murphy S V, Atala A. 3D bioprinting of tissues and organs [J]. Nature Biotechnology, 2014, 32 (8): 773-785.

[29] Farina D, Vujaklija I, Branemark R, et al. Toward higher-performance bionic limbs for wider clinical use [J]. Nature Biomedical Engineering, 2021, 7 (4): 473-485.

[30] Juslin P N. From everyday emotions to aesthetic emotions: Towards a unified theory of musical emotions [J]. Physics of Life Reviews, 2013, 10 (3): 235-266.

[31] Schmitz T W, De Rosa E, Anderson A K. Opposing influences of affective state valence on visual cortical encoding [J]. The Journal of Neuroscience, 2009, 29 (22): 7199-7207.

[32] Mcpherson M J, Barrett F S, Lopez-Gonzalez M, et al. Emotional intent modulates the neural substrates of creativity: an fmri study of emotionally targeted improvisation in jazz musicians [J]. Scientific Reports, 2016, 6 (1): 18460-18472.

[33] Pessiglione M, Petrovic P, Daunizeau J, et al. Subliminal instrumental conditioning demonstrated in the human brain [J]. Neuron, 2008, 59 (4): 561-567.

[34] Custers R, Aarts H. The unconscious will: how the pursuit of goals operates outside of conscious awareness [J]. Science, 2010, 329 (5987): 47-50.

[35] Marega M G, Zhao Y, Avsar A, et al. Logic-in-memory based on an atomically thin semiconductor [J]. Nature, 2020, 587 (7832): 72-77.

[36] Zhang D, Song H, Xu R, et al. Toward a minimally invasive brain-computer interface using a single subdural channel: A visual speller study [J]. Neuroimage, 2013, 71: 30-41.

[37] Yang Y Y, Wu M Z, Vázquez-Guardado A, et al. Wireless multilateral devices for optogenetic studies of individual and social behaviors [J]. Nature Neuroscience, 2021, 24 (7): 1035-1045.

[38] 郑晓静, 薄天利, 谢莉. 风成沙波纹的离散粒子追踪法模拟 [J]. 中国科学 G 辑, 2007, 37 (4): 527-534.

[39] Sullivan R, Banfield D, Bell J F, et al. Aeolian processes at the mars exploration rover meridiani planum landing site [J]. Nature, 2005, 436 (7047): 58-61.

[40] Fenton L K. Seasonal movement of material on dunes in proctor crater, mars: Possible

present-day sand saltation [C]. 36th Annual Lunar and Planetary Science Conference, League City, Texas: Lunar and Planetary Institute, 2005, 36: 2169.

[41] Greeley R, Arvidson R E, Elachi C, et al. Aeolian features on venus: Preliminary magellan result [J]. Journal of Geophysical Research, 1992, 97 (E8): 13319-13345.

[42] Malin M C. Mass movements on venus: Preliminary results from magellan cycle 1 observations [J]. Journal of Geophysical Research, 1992, 97 (E10): 16337-16352.

[43] Lancaster N. Linear dunes on titan [J]. Science, 2006, 312 (5774): 702-703.

[44] Lorenz R D, Wall S, Radebaugh J, et al. The sand seas of titan: Cassini RADAR observations of longitudinal dunes [J]. Science, 2006 (5774), 312: 724-727.

[45] Radebaugh J, Lorenz R, Farr T, et al. Linear dunes on titan and earth: Initial remote sensing comparisons [J]. Geomorphology, 2010, 121 (1-2): 122-132.

[46] 郑晓静, 薄天利. 风成沙波纹和沙丘的动力行为分析 [J]. 科学通报, 2009, 54 (11): 1488-1495.

[47] 高歌, 宁榥. 沙丘驻涡火焰稳定性的理论及实验研究 [J]. 工程热物理学报, 1982, 1: 89-96.

[48] Saleh M S, Hu C, Panat R. Three-dimensional microarchitected materials and devices using nanoparticle assembly by pointwise spatial printing [J]. Science Advances, 2017, 3 (3): e1601986.

[49] Shioya S, Kohga M, Naya T. Burning characteristics of ammonium perchlorate-based composite propellant supplemented with diatomaceous earth [J]. Combustion and Flame, 2014, 161 (2): 620-630.

[50] Wang H, Delisio J B, Holdren S, et al. Mesoporous silica spheres incorporated aluminum/poly (vinylidene fluoride) for enhanced burning propellants [J]. Advanced Engineering Materials, 2018, 20 (2): 1700547.

[51] Li J, Xu C, Guo C, et al. Underoilsuperhydrophilic desert sand layer foreffient gravity-directed water-in-oil emulsionsseparation with high flux [J]. Journal of Materials Chemistry A, 2018, 6 (1): 223-230.

[52] Guo J, Meng X, Chen J, et al. Real-space imaging of interfacial water with submolecular resolution [J]. Nature Materials, 2014, 13 (2): 184-189.

[53] Erbe E F, Rango A, Foster J, et al. Collecting, shipping, storing, and imaging snow crystals and ice grains with low-temperature scanning electron microscopy [J]. Microscopy Research and Technique, 2003, 62 (1): 19-32.

[54] Yang Z, Wei J, Sobolev Y I, et al. Systems of mechanized and reactive droplets powered by multi-responsive surfactants [J]. Nature, 2018, 553 (7688): 313-318.

[55] Min P, Li X F, Liu P F, et al. Rational design of soft yet elastic lamellar graphene aerogels via bidirectional freezing for ultrasensitive pressure and bending sensors [J]. Advanced Functional Materials, 2021, 31 (34): 2103703.

[56] Hwang Y, Ibrahim M S B, Deng J, et al. Colloid-mediated fabrication of a 3D pollen sponge

for oil remediation applications [J]. Advanced Functional Materials, 2021, 31 (24): 2101091.

[57] Danovaro R, Dell'Anno A, Corinaldesi C, et al. Major viral impact on the functioning of benthic deep-sea ecosystems [J]. Nature, 2008, 454 (7208): 1084-1087.

[58] KurisA M, Hechinger R F, Shaw J C, et al. Ecosystem energetic implications of parasite and free-living biomass in three estuaries [J]. Nature, 2008, 454 (7203): 515-518.

[59] Danovaro R, Dell'Anno A, Corinaldesi C, et al. Major viral impact on the functioning of benthic deep-sea ecosystems [J]. Nature, 2008, 454 (7208): 1084-1087.

[60] Pauli G A. 蓝色革命—爱地球的 100 个商业创新 [M]. 台北: 天下杂志出版社, 2008.

[61] Pauli G A. The blue economy: 10 years, 100 innovations, 100 million jobs [M]. Boston: Paradigm Publications, 2010.

[62] Karp E M, Eaton T R, Sánchez V I N, et al. Renewable acrylonitrile production [J]. Science, 2017, 358 (6368): 1307-1310.

[63] Vollmer I, Jenks M J F, Mayorga González R, et al. Plastic waste conversion over a refinery waste catalyst [J]. Angewandte Chemie, 2021, 60 (29): 2-10.

[64] Zou Z, Zhu C, Li Y, et al. Rehealable, fully recyclable, and malleable electronic skin enabled by dynamic covalent thermoset nanocomposite [J]. Science Advances, 2018, 4 (2): eaaq0508.

第 **3** 章

材料仿生设计理念

自然界中的生物体在长期的自然选择与进化过程中，其材料的组织成分、结构、合成过程、物质/能量/信息传递、功能属性等得到了持续优化与提高，利用简单的矿物质与有机质等原材料很好地满足了复杂的力学与性能需求，使得生物体达到了对其生存环境的最佳适应。本章主要介绍材料仿生设计的基本理念，这是制备高性能仿生材料的基础。

3.1 基于生物材料成分与结构特性的设计

自然界中，任何一种生物材料都是由独特的成分、组织与结构（宏观、介观、微观）等复合而成，这是生物材料的基本构成，也是这些基础因素的巧妙组合，最终展示出了精妙的功能属性。模仿功能优异的生物材料的成分、组织与结构特性，进行仿生材料设计是材料仿生领域最常用的理念与途径。

基于生物材料成分与结构的仿生材料设计研究范围非常广泛，如生物纤维类、生物超硬骨骼类、生物软材料、生物膜材料、生物细胞/组织/器官材料等。这些设计研究不仅包括生物材料从整体到分子水平的多层次结构、各种有机与无机成分配比关系、形成过程与机制及其与性能相互作用规律，还包括新型生物材料的设计与制备等。基于生物纤维的仿生材料设计研究表明，自然界是一个富含天然生物纤维的巨大宝库，如蜘蛛丝、蚕丝、动物毛发等成千上万的丝素蛋白纳米纤维（如图3-1所示）[1]，皮肤、器官壁膜、肌肉、肌腱等胶原纤维（如图3-2所示）[2,3]，骨骼、牙齿、贝壳等无机矿化纤维，甲壳类步足与壳体等甲壳素纤维（如图3-3所示）[4,5]，木材、竹、麻、棉、植物秆茎等木质素纤维等（如图3-4所示）[6,7]，细菌等微生物的蛋白丝状鞭毛纤维（如图3-5所示）等[8,9]，这些生物纤维表现出了良好的力学性能、光电特性和生物相容性等，为仿生纤维材料提供了大量的设计灵感。

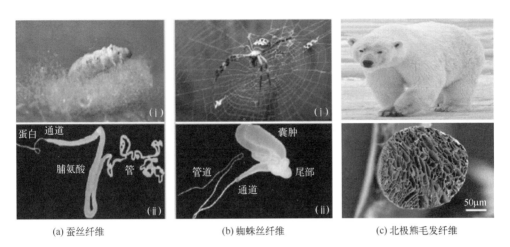

(a) 蚕丝纤维　　　　　　　　(b) 蜘蛛丝纤维　　　　　　　(c) 北极熊毛发纤维

图 3-1　生物超强韧丝素蛋白纤维

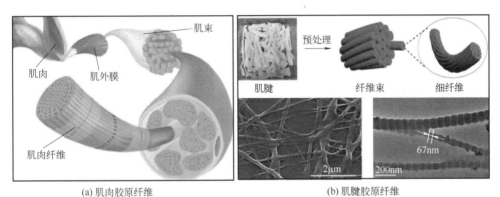

(a) 肌肉胶原纤维　　　　　　　　　　　(b) 肌腱胶原纤维

图 3-2　肌肉与肌腱等生物胶原纤维

(a) 螳螂虾趾棒纳米纤维　　　　　　　　(b) 甲虫壳纤维

图 3-3　甲壳类生物甲壳素纤维

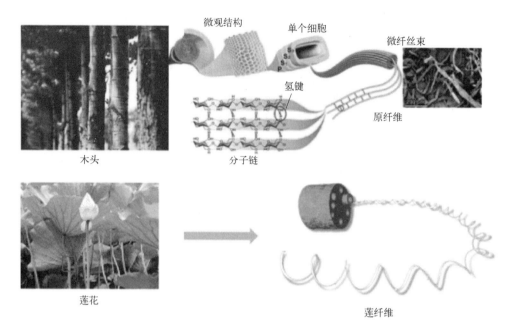

木头   微观结构   单个细胞   微纤丝束

氢键

分子链   原纤维

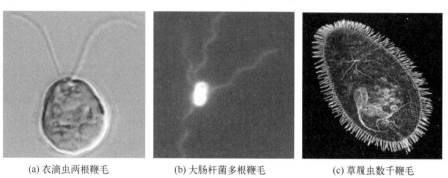

莲花   莲纤维

图 3-4 木材与莲丝等木质素纤维

(a) 衣滴虫两根鞭毛   (b) 大肠杆菌多根鞭毛   (c) 草履虫数千鞭毛

图 3-5 细菌的鞭毛

例如，自然界中的蜘蛛丝具有强大的力学性能，它表现出极高的抗拉强度（高达 1.4GPa），与高等级合金钢相当（0.45～2GPa），可以达到凯夫拉纤维的一半（3GPa）。但是，通常的金属丝或芳纶纤维几乎不可伸长，而蜘蛛丝可伸长约 40% 的长度，在高湿度环境下可伸长 5 倍。同时，蜘蛛丝伸长后几乎不反弹，这使得这种纤维材料在拉伸过程中能够吸收大量的能量，其韧性平均为 350 MJ/m^3，比钢或芳纶纤维高出几个数量级。除了没有反弹外，人们几乎看不到蜘蛛悬空身体旋转，这意味着蜘蛛丝还可以吸收扭转旋转能量。蜘蛛丝在被拉长后遇到湿气或遇水时会恢复到初始长度，这使它被来袭的猎物撞击而拉长后可以自动修复并重新使用。因此，蜘蛛丝被誉为是自然界中发现的最坚固的材料之一，它具有极高的强度，以及巨大的韧性和良好的弹性等。蜘蛛丝具有两相结构，其中由氢键多肽链组

成的 β 薄片纳米晶体均匀地嵌入在非晶态基体中。蛛丝显著的力学稳定性主要源于 β 薄片纳米晶体中独特的氢键阵列。因此，模仿蜘蛛丝的材料属性与结构特性，合理设计氢键交联可以得到与蜘蛛丝同样坚固的人造弹性体。受到蜘蛛丝的启发，研究者们进行了精细的材料与结构匹配设计，制造可修复和可回收的超分子聚合物弹性体，表现出超高的机械韧性和抗裂能力。通过构建多酰氨基脲（ASCZ）和带有不同间隔层（脂环六原子间隔层和芳香族间隔层）的聚氨酯基团，设计出具有丰富的氢键供体和受体的硬链。这种结构有利于形成密度更高的氢键阵列。与蜘蛛丝的增韧机理相似，无论弹性体是完整的还是有裂纹/割伤的，上述结构特征不仅能使聚合物链更牢固地联锁，而且能更有效地耗散能量[10]。南开大学的研究者使用水凝胶纤维成功制备出了新型超强韧"人造蜘蛛丝"[11]，其中，水凝胶纤维由聚丙烯酸制成，聚丙烯酸具有核-鞘结构，通过掺杂二价离子并加捻增加了其强度。该纤维的拉伸强度可达 895MPa、拉伸应变可达 44.3%、模量高达 28.7GPa、韧性达到 370MJ/m³，阻尼效率达到 95%，具有强度高、慢回弹、可重复伸缩性能未来或将用于高空缓降等多领域。

近年来，研究人员对天然生物纤维材料的合成细节进行了深入探索，尤其是对其材料学特性和涉及的物理化学过程进行了深入解析，这些研究助力仿生纤维材料系统的设计，使得人造纤维材料显示出前所未有的形貌特征和超强的功能。目前，基于生物纤维启发的仿生纺丝材料制备方法包括湿法纺丝（wet spinning）、干法纺丝（dry spinning）、静电纺丝（electrospinning）、微流控纺丝（microfluidic spinning）、自组装法（self-assembly）、直写法（direct writing）等，如图 3-6 所示。

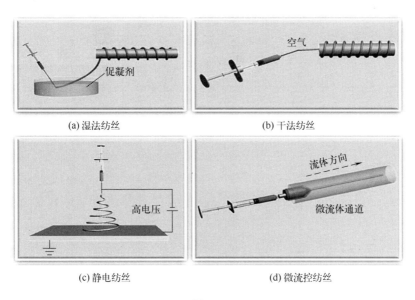

(a) 湿法纺丝　　　　　　　　　　(b) 干法纺丝

(c) 静电纺丝　　　　　　　　　　(d) 微流控纺丝

图 3-6

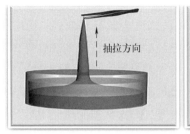
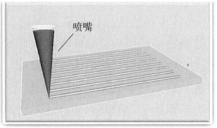

(e) 自组装法   (f) 直写法

图 3-6 仿生纤维制备纺丝方法

其中，通过对微流控纺丝进行设计，可实现对纤维形貌的精确控制，从而制备传统纺丝法难以实现的复杂结构的仿生纤维，包括多组分、核壳结构、螺旋结构、串珠结构、竹节结构等，如图 3-7 所示[1,2]。仿生纤维展现出了出色的力学性能，为开

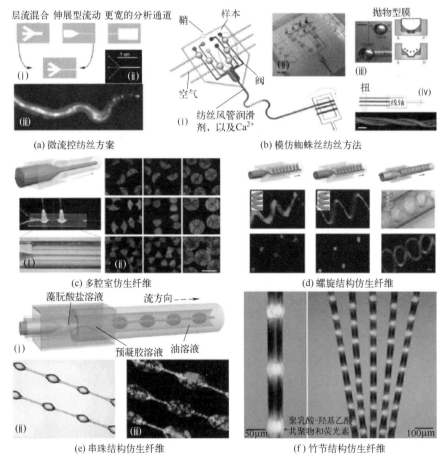

图 3-7 微流控复杂结构仿生纤维设计

发仿生复合材料提供了无数可能，在高强度轻量化的航空航天、汽车、建筑、电子等领域具有重要应用价值，同时，在组织工程、药物递送、生物传感、液体定向输运、超浸润表面、微电机系统等也展现出了诱人的应用前景，如图3-8所示[13]。

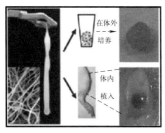
(a) 网络纤维关节软骨

(b) 壳核纤维水凝胶

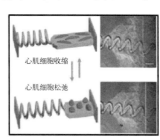
(c) 螺旋纤维机械传感器

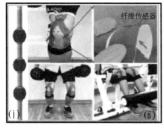
(d) 串珠纤维拉伸应变传感器

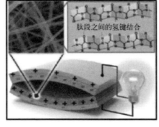
(e) 丝素蛋白纤维摩擦电收集器

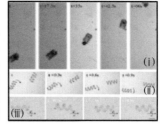
(f) 短螺旋纤维微电机

图 3-8　仿生纤维应用

　　人们在仿生纤维材料设计领域取得了令人激动的成就，但天然生物纤维的发展潜力是巨大的，自然界各种未开发的纤维具有的结构特性和功能属性及相关机制仍有待发现。随着重组技术的发展，更多的转基因生物中的大分子丝蛋白可以被预期设计与合成，人造仿生纤维可以具有与天然丝相当的功能，这将会推动仿生纤维向着更接近天然纤维的功能属性的方向发展。

3.2　基于生物材料形成过程的仿生设计

　　天然生物材料不仅在纳米范围内有序，在不同长度或空间范围内也都规则排列，如动物的骨骼、牙齿、鳞片、肌肉组织、皮肤组织、神经组织、软体动物的外骨骼与壳、昆虫的几丁质外骨骼、鸟类的蛋壳等。同时，生物组织有序结构的自组装或矿化具有目的性和功能驱动性，如细胞中的肌动蛋白在一定的外界刺激或条件适应时自组装形成纳米级的微管，维持细胞运动所需的张应力及三维空间结构，完成细胞的迁移分裂等运动和增殖功能；根据环境条件的不同，细胞内的肌动蛋白也在不断进行着由离散状态到微丝、微管的可逆动态变化，以适应细胞黏附、生长、发育增殖、分化、迁移等生命活动的需要。生物材料这些形成原理、功能调控与执行过程等一直是精准与精妙的，是仿生材料领域研究的热点。

　　基于生物材料的形成过程开发材料也是仿生材料最常见的设计理念，包括天然生物材料自组装过程、矿化过程、结晶过程、钙化过程、硫化过程、碳化过程、酸化过程等，以及这些过程的形成原理、形成方法、有序结构的调控与功能驱动模式等，研究者们在此领域做了大量研究工作，并取得了丰硕的成果。

　　自组装与生物矿化是天然生物材料最典型的两种合成方式，无论是单独合成还是两种过程的组合协同合成，都是制备成分与结构高度有序的仿生材料最常用的合成方法与手段，也是高性能、精细结构材料合成的热点工作。以基于生物矿化材料的仿生材料研究为例，生物矿化不仅是生物界中材料制备的策略，更是自然演变过程中所产生的生物策略，例如贝壳、牙齿、骨骼、鳞片等利用矿化获得了超强韧功能，硅藻、真菌和放射虫等利用生物矿化强化自身获得额外保护。在自然界中，生物体可以在常温常压下，利用最普通最容易获得的材料，通过生物矿化制备多级有序的结构，如分级层状结构（如图 3-9[14]）、纳米互联与互锁结构、纤维丝状与棒状结构［如图 3-10（a）和（b）所示[15,16]］、层孔交错结构［如图 3-10（c）所示[17]］。生物体对生物矿化过程的控制是一个复杂的多层次过程，其中，生物大分子产生排布以及它们与无机矿物相的持久作用是生物矿化过程的两个主要方面。不同于实验室的材料制备，在生物矿化过程中大量的有机基质，特别是蛋白质介入到无机材料的形成过程中，控制材料的成核、生长、取向和组装等，可以构建性能优异的复合材料。传统的生物矿化研究强调模仿自然开展材料的仿生设计和制备，突出了有机体系对无机结晶的调控作用，从而提高材料的性能。传统生物矿化仿生材料设计中对结晶机制的研究最为重视，从分子水平上控制无机矿物相的结晶、生

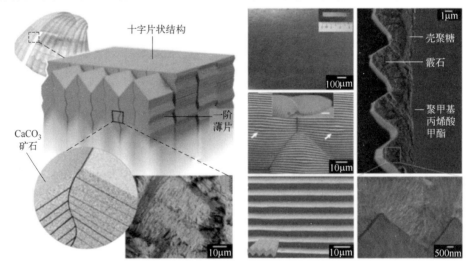

图 3-9　鸟蛤贝壳矿化多级微观层状有序结构

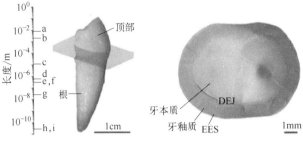

(a) 牙釉质矿化纤维棒状结构

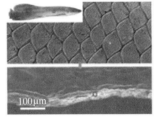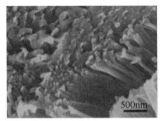

(b) "巨骨舌鱼"鳞片矿化纤维丝状结构

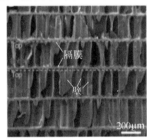

(c) 墨鱼骨矿化层孔结构

图 3-10 牙齿、鱼鳞、鱼骨等矿化多级纳米有序结构

长，从而使仿生材料具有特殊的分级结构和组装方式。随着生物分子重组技术的发展，生物矿化研究的新趋势是借鉴自然策略，通过无机材料实现对生物有机体的调控，突出利用材料体系实现生物功能化改造。生物矿化作为生物进化过程中的功能性策略，能使生物体更加适应环境，能产生更有利于自身发展的进化链，也为人类通过材料实现对生物有机体的调控提供了借鉴的方向。通过向自然界学习，生物矿化研究实现了从生物体系对材料结晶的调控到利用材料改进生物体的转型，为人类的可持续发展提供了新的方向。

生物矿化是一种温和且高度可控的自然过程，其最为显著的特征是通过有机大分子与无机离子的界面相互作用，在分子水平控制矿物的生长，使所得材料具有特殊的分级结构和组装方式，并随之带来优异的力学强度与丰富的功能。经过近几十年的发展，仿生矿化材料制备领域已取得了重大进展，各种制备方法被相继提出。其中，自下而上的矿化组装策略，如层层矿化自组装、蒸发引诱矿化自组装、喷涂矿化组装等，已在二维薄膜型仿生材料的制备方面表现出简便、灵活、高效、可扩大化制备的特点，可制备出结构各异且高度有序的矿化材料。如麻省理工学院的研究者基于贝壳的生物矿化与超强超韧原理，制备了具有"人"字形互锁结构的仿生矿化复合薄膜[14]。研究者们提出了一种在聚甲基丙烯酸酯（PMMA）基材表面制备并剥离图案化的壳聚糖-碳酸钙（CA）薄膜的策略。通过优化 PMMA 和 CA 膜的厚度，基于两种材料在脱水过程中收缩性的差异，CA 膜会自发形成波浪状的有序结构，而后与支撑体自发分层脱离，在没有任何外界机械应力介入的情况下，这种方法可以制备 7 μm 厚度的 CA 膜，并可以实现在水平尺度上毫米级的宏量制备。将制备好的 CA 膜在丝素蛋白的溶液中依次堆叠，将丝素蛋白均匀地分散在各层 CA 膜中，形成 CA 膜与丝素蛋白的层层交替组装结构，成功制备了 CA 膜-丝素蛋白层压板。研究者将近 300 个 CA 膜堆叠在一起，并利用其中的丝素蛋白将这些膜黏合在一起。与此同时，这种制造方法也使相邻 CA 膜带有波浪状有序突起的面相互正对，并错位相交，从而形成了 CA 膜的横向"互锁"排列，如图 3-11 所示。具有多级有序互锁结构的矿化复合材料，抗拉强度达到 48 MPa，拉伸韧度也达到近 400 %，相较于同等条件下的平面结构，性能有了 85 % 以上的提升。

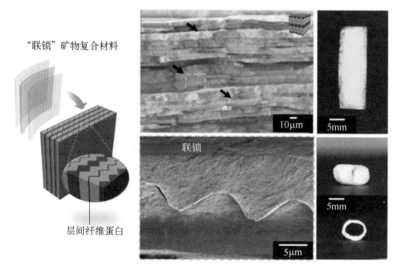

图 3-11　仿生互锁结构矿化复合材料制备

但是，这些方法却难以实现可用于力学承载的三维宏量仿生材料的制备，近年来所发展的包括冰模板法结合陶瓷烧结、磁场诱导组装、结构辅助 3D 打印及原位矿化生长等技术，虽然在高性能三维大尺寸宏量仿生矿化材料制备方面获得重大突破，然而其设备要求复杂、成本高、效率低等因素极大限制了材料的进一步宏量制备。因此，探索如何优质高效地制备更接近实用应用的大尺寸仿生矿化材料具有重要的科学意义和应用价值。针对这一难题，中国科学技术大学的研究者提出了一种高效且通用的介观尺度"组装与矿化"相结合的新策略，将溶液蒸发组装矿化法构筑的仿珍珠层结构二维薄膜进一步叠合热压，实现了由微纳基元矿化到高性能、大尺寸、三维仿珍珠层材料的快速宏量构筑，如图3-12所示[18]。基于该方法可以从分子尺度到宏观尺度的各个层面对材料结构进行优化，从而使所得材料可以复制天然珍珠层材料的多级结构及增韧机理，并且其力学性能可与多种自然结构材料和工程材料相媲美。这一多级组装与矿化结合的新策略具有灵活性、高效性、普适性的特点，可应用到其他多种材料体系中。因此，有望在今后其他三维人工珍珠层材料的仿生宏量制备中实现广泛应用。

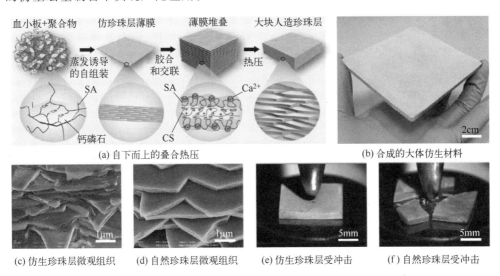

(a) 自下而上的叠合热压   (b) 合成的大体仿生材料

(c) 仿生珍珠层微观组织   (d) 自然珍珠层微观组织   (e) 仿生珍珠层受冲击   (f) 自然珍珠层受冲击

图 3-12 大尺寸仿珍珠层矿化材料制备

与人工合成矿物相比较，生物矿物往往展现出精妙有序的结构与优异的力学性能。其原因在于，生物矿物具有特定形态的多级有序微纳结构，此类微纳结构同时又具备宏观尺度上的结构一致性。多级有序矿物结构的获得，依赖于多种生物质大分子在生物矿化过程中的协同作用。明晰这种协同作用，可以更好地指导研究者对矿化材料进行可控制备。由于人工实现的矿化过程对于精度的控制难度较大且工序复杂，难以工业级量产，可控仿生矿化仍然是材料合成领域的一大难题，且大多应用皆处于实验室验证阶段。基于此，很多研究者利用生物矿化形成高度有序结构的原理，采用热压烧结、场辅助注浆成型、离心铸造、真空抽滤、蒸发诱导、电化学沉积、凝胶成膜及冰模板法等工业常规技术合成类似矿化结构材料的方法制备仿生结构与仿生复合材料。例如，瑞士苏黎世联邦理工学院的研究者另辟蹊径，研究了贝壳结构中矿物的纳米互连结构对其力学性能的影响。他们利用磁力及真空辅助将陶瓷片进行了类似矿化的堆砌，形成有序排布，对所得材料进行热压处理，高温下导致表面层烧结，形成粗糙的矿物纳米互联结构；通过模仿矿化有机质的调控作用，向材料内部浸入黏度较低的单体，再聚合形成聚合物有机基体，如图3-13所示[19]。为了便于调节矿物片层间的接触，研究者选择了氧化铝的微米片，并在上面预先覆盖了一层致密的二氧化钛纳米粒子薄膜，其中氧化铝在高温下非常稳定，而二氧化钛纳米粒子在高温下易于烧结，因此该薄片可以通过控制温度有效调节最终结构。在高温处理的过程中，二氧化钛层发生奥斯特瓦尔德（Ostwald）熟化从而形成表面较大的锐钛矿，最后在接触点形成矿物桥连结构，这一过程可在800～1100℃很好地进行，如图3-14所示。这种通过控制矿物的纳米互联结构方式获得的仿贝壳复合材料，具有良好的极限强度和断裂韧性，同时，这种预先设计的矩阵定向聚合的方法，不仅为制备具有层次有序结构的强韧复合材料提供了新的合成策略，也为生物矿化工业级转化提供了思路。

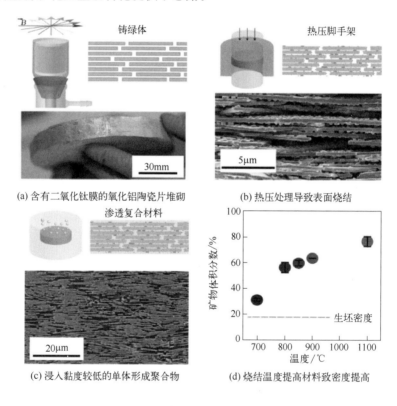

(a) 含有二氧化钛膜的氧化铝陶瓷片堆砌

(b) 热压处理导致表面烧结

(c) 浸入黏度较低的单体形成聚合物

(d) 烧结温度提高材料致密度提高

图 3-13　纳米互连结构人工珍珠层材料制备示意

此外，在自然界中，一些活体生物能通过生物矿化过程产生出各种具有层次结构的有机-无机复合材料。这类天然的复合材料能根据成分、微观结构和几何形状的位置特性实现相应的梯度功能性，如小龙虾的下颌骨等。它们的生物矿化机制是由活体细胞的精确介导实现的，以确保得到合适的结构和功能。尽管目前仿生矿化

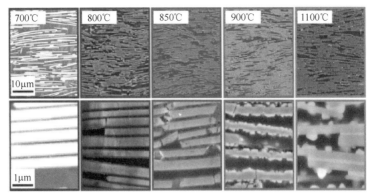

(a) 烧结温度对纳米互连结构的影响

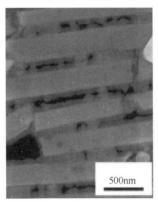

(b) 氧化钛熟化形成的桥连结构

图 3-14 不同烧结温度下的人工珍珠层材料结构

研究取得了不少进展，但仍难以生产出具有天然同类产品结构特征和具有"活性"的矿化复合材料，如具有自修复的能力、环境响应性的矿化复合材料。因此，如何利用细胞控制的方法来生产具有活性矿化的复合材料在很大程度上还是一个需要艰难探索的领域。上海科技大学的研究者将光诱导细菌生物膜的形成与仿生羟基磷灰石（HAP）矿化相结合，开发了一种具有精确空间图案和梯度特征的活性复合材料，通过调整功能性生物膜的生长空间和生物质密度来调节矿化的位置和程度。该复合材料中的细胞具有活性，可以感知并响应环境信号，矿化后其杨氏模量可提升15 倍，可用于实现空间控制的损伤修复技术，如图 3-15 所示[20]。与常规的仿生矿化材料相比，所得的"活性"矿化材料内部的细胞仍保持活力，在矿化后能对环境刺激做出响应。这些研究为制造具有精细结构、环境动态响应性、自修复和其他功能性的有机-无机复合"活性"矿化材料开辟了新的路径，也是仿生矿化材料向着更接近生物模本功能特性发展的重要前沿性方向。

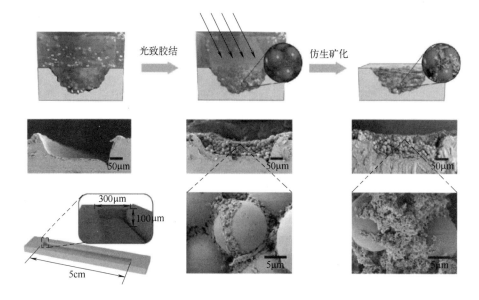

图 3-15 可控矿化作用在特定位置的损伤修复

3.3 基于生物质的仿生设计

基于生物质的仿生材料是指将生物材料本身作为原材料或与人工材料结合进行新材料的合成。随着人类对低耗、高效、智能、绿色、可持续材料的追求，对具有完整或部分生命组件仿生制品的需求，这类合成理念正逐渐成为新材料研究的热点方向。据统计，2025 年，人类每天会产生约 600 万 t 垃圾，这些垃圾中可能包含可以回收利用的有用成分，也可能因其中的有害成分给环境带来破坏。因此，开发绿色、环保材料势在必行。相比于人工合成材料，生物质材料来源更加丰富，同时也具有良好的综合性能，如在具有较好的韧性同时又有一定的适应性、可靠性、自愈合性能以及可降解等特性。正因为如此，各种基于生物质材料的仿生材料由于其环保、安全、可再生以及相对廉价等优点，在近年来受到越来越多不同领域研究人员的青睐。

3.3.1 动物生物质材料仿生设计

基于动物生物质材料的仿生设计是指直接利用动物细胞、分子、组织、蛋白、基因、神经、肌肉、器官等材料或将其与人工材料结合研究、开发、制造生物复合材料的技术，包括生物活性材料制造、功能结构生物体材料制造、再生医学材料制造、体外生物/病理/药理材料制造、可移植细胞/组织/器官/微流体芯片材料制造、先进医疗诊断与关键器械材料制造等。形成多种利用生物形体和机能来合成先进功能性、类生命材料或生命体材料的制造技术，包括生物（去除）加工、生物连接成形、生物自组装成形、生物矿化成形、生物约束成形、生物复制成形、生物生长成形、基因与转基因生物制造成形等，为生物工程、组织工程、医疗与康复工程、信息与电子工程等领域提供设计新原理与制造新技术。

目前，利用动物生物质材料进行仿生设计的研究工作主要集中在无活性生物质材料与活性生物质材料设计两个方面。

（1）无活性生物质材料仿生设计

无活性生物质材料仿生设计是指利用多糖类纤维素、糖原、蛋白质、多肽类胶原、明胶、蚕丝、蛛丝等材料自身或者与人工材料结合开发新材料的设计，由于材料不具备生命活性，所以在设计过程中，更多关注的是生物质材料与人工材料的生物相容性、成分匹配性、组织融合性、功能复合性等影响因素。由于生物质材料特殊的功能属性与绿色可续性，近年来，将其与工程材料进行复合仿生设计，在各个领域取得了突破性的进展。

例如，英国剑桥大学生物学家发现跳蚤卓越的弹跳能力依赖于节肢弹性蛋白，是现有弹性最强的物质，如图3-16所示，并且已在实验室里人工合成了这种蛋白[21]。美国莱斯大学、马里兰大学和海洋生物研究所的学者发现了乌贼皮肤上独特的视蛋白，美国海军希望借此制造出新型伪装材料，能用与软体动物皮肤相同的方式识别光线并快速改变颜色[22]。美国能源部阿贡国家实验室研究发现了一种从完整的蜘蛛丝上获取各种弹性成分的途径，未来可用于开发防弹背心、人工腱等多种弹性材料[23]。日本东京大学科学家通过对大闪蝶翅膀类似碳纳米管结构进行成分分析研究，研制出一种新型纳米生物复合材料[24]，这种材料比原有碳纳米管加热更快，并表现出极高的导电性，有望在未来应用于可穿戴电子设备、高灵敏度光传感器以及可循环使用的电池产品中。美国麻省理工学院的研究人员发现牡蛎壳陶瓷晶体具有的重组与改变构向特性能使其能抵御多重撞击[25]，有望将其作为原材料研发坚固透明的新一代玻璃材料以及防弹装甲，成为新型的防弹材料。西南交通大学基于贻贝足丝中聚多巴胺成分的黏附机理[26]，开发出了聚多巴胺/聚丙烯酰胺水凝胶基生物复合材料，具有超拉伸、自愈合、自黏附的特性。郑州大学的研究者在碱/尿素水溶液体系中通过冷冻解冻循环处理，将天然牛腱胶原进行结构拆分，通过调整冷解循环次数和超声处理强度，获得了一系列具有不同尺度和形貌的胶原微纤维、胶原纳米纤维，为天然胶原的加工和材料构建提供了一种新方法[3]。湖南大学研究者开发了一种纳米材料辅助法制备巨型细胞膜囊泡（giant membrane vesicle，GMV）的新方法，将细胞与纳米材料孵育后，通过光照即可获得性质优良的细胞膜囊泡，如图3-17所示[27]，为药物的精准递送和可控释放提供新的契机。

人工智能机器人人造皮肤材料的老化和损伤是机器人在应用中亟待解决的技术问题。天津商业大学将含有液体试剂的聚偏二氟乙烯（PVDF）纤维直接制备为仿生微血管，将其混合在乙二醇-聚乙烯醇-明胶网络凝胶中，形成仿生自修复人造皮

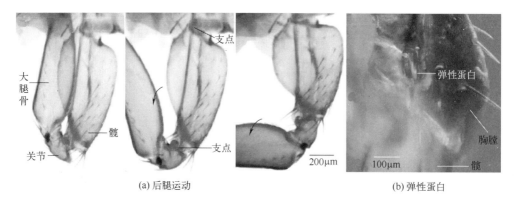

大腿骨

关节

髋

支点

支点

200μm

(a) 后腿运动

弹性蛋白

胸膛

髋

100μm

(b) 弹性蛋白

图 3-16　跳蚤后腿运动与弹性蛋白

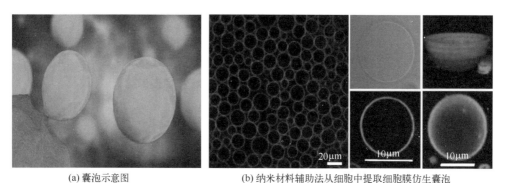

20μm　　10μm　　10μm

(a) 囊泡示意图　　　　　　　(b) 纳米材料辅助法从细胞中提取细胞膜仿生囊泡

图 3-17　从细胞中提取巨型细胞膜仿生囊泡

肤复合材料[28]，如图 3-18 所示。自修复剂由磷酸、乙酸和羧甲基纤维素钠（CMC-Na）均匀黏稠缓冲溶液组成。随着时间的延长，液体剂通过纤维腔扩散到基体中后，没有出现界面分离的现象。观察并确定自愈的整个过程，包括纤维断裂和药剂扩散。结果表明，自修复剂可以通过纤维损伤或释放进入基质材料，并与基质材料发生化学反应，从而改变受损基体的化学结构。人造皮肤的自愈行为分析表明，随着温度升高至 45℃，其自愈效率能提高到 97.0%。

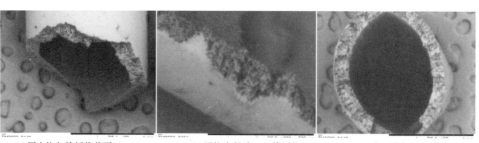

(a) 厚度均匀的纤维截面　　　(b) 平均直径为1μm的纤维　　(c) 具有一定机械强度的
　　　　　　　　　　　　　　　　壁材料中的空腔　　　　　　　　纤维压缩后变形

图 3-18　中空 PVDF 纤维的 SEM 截面形貌

又如，明胶是动物生物质材料中应用比较广泛的材料之一，由动物胶原部分水解而制成，加热至 35℃ 及更高温度时会逐渐软化或溶解在水中成为胶体。由于其具有良好的成胶性，明胶生物质材料在医疗、电子、传感、机器人等不同领域得到了应用。麻省理工学院的研究者根据贻贝等动物能够清除黏附界面的水分子，使其在湿润环境下也能实现强力黏附的功能原理，采用明胶生物质材料制备了一种双面胶（DST）[29]。DST 由 N-羟基丁二酰亚胺酯接枝的聚丙烯酸（PAAc-NHS ester）和明胶、壳聚糖等组成。带负电的羧基促进 DST 的水合溶胀，去除界面水，使界面干燥；同时羧基能够和组织表面形成氢键、静电相互作用等；然后 NHS 基团能够与组织上的伯胺形成共价键，形成稳定的黏合，如图 3-19（a）所示。DST 有良好的生物相容性和可调控的降解周期，且溶胀后的 DST 变成水凝胶材料，整合了高拉伸性和机械损耗，断裂韧性大于 1000 J/m^2，如图 3-19（b）～（d）所示。黏附在猪心脏上的 DST 在模拟心脏跳动 5000 次后（30％拉伸应变）界面韧性仍大于 650 J/m^2。对于其他湿润组织（皮肤、小肠、胃、肌肉和肝脏等）以及工程塑料（PDMS、聚酰亚胺、聚氨酯等），DST 也表现出优异的界面韧性和剪切、拉伸强度。奥地利的研究者开发一种基于明胶的可降解、可拉伸并可以愈合的生物质凝胶

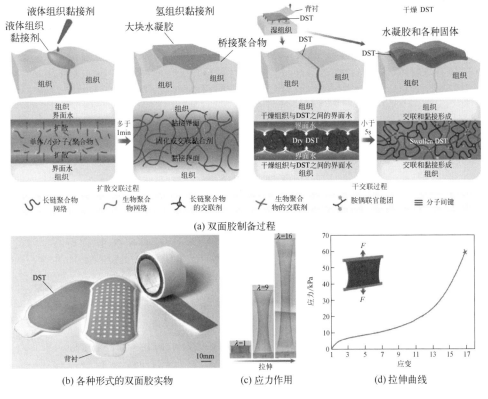

图 3-19　双面胶制备示意及性能

材料，采用明胶基水凝胶作为构建整个材料体系的基体，并加入了柠檬酸、甘油以及糖浆等可食用材料，增强了材料的机械强度和拉伸性，以及保水及抑制细菌繁殖等能力。通过在表面涂覆一层生物质疏水虫胶树脂涂层，材料可以获得在水中保持稳定和可控降解的功能。调整明胶和其他组分的用量，凝胶的极限（工程）强度可在 30～300 kPa 或 10～140 kPa 内进行调节，而极限应变则可以在 180％～325％内调节。除了拉伸性能之外，在循环拉伸至 100％应变测试中，凝胶表现出很小的回滞，10 万次循环后依然保持稳定。该材料具有良好弹性的同时又可降解，即使放在废水中，该材料可以保持其原有机械强度一年以上。在应用于软机器人和电子皮肤等场景时，如图 3-20 所示[30]，该材料可以保持 33 万次循环寿命却不会出现损坏，表现出良好的应用前景。

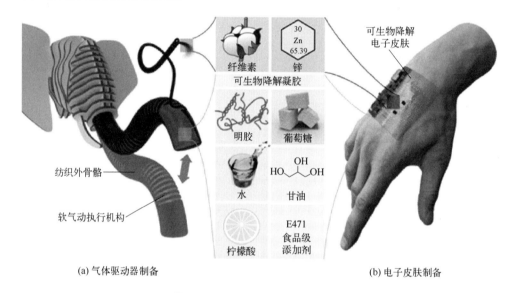

(a) 气体驱动器制备   (b) 电子皮肤制备

图 3-20　明胶基生物质材料器件制备

(2) 活性生物质材料仿生设计

活性动物生物质材料仿生设计是指利用细胞、组织、神经、肌肉、器官等活性材料自身或者与人工材料结合开发新材料的设计。这类材料由于涉及活性材料的提取、培养或制备等，合成过程复杂，特别注重与人工材料的生物相容性、生活活性持久性、成分匹配性、组织融合性、功能复合性等影响因素。基于活性生物质材料功能特性的生物复合材料制造，特别是类生命材料与类生命体制造，正进一步推动材料制造技术的内涵发生深刻的变化，极大地助力了仿生材料制造从"形似"向"神似"的飞越。因此，揭示生命体在其存在的每一瞬间不断地调节自己内部各种机能的原理，模仿生命体多层次调整模式，进行类生命单元与载体构建，开展类生命单元调控方法与活性保持原理研究，进行仿生细胞、仿生组织、仿生器官、器官芯片、仿生活性假体、类脑结构体、可降解生物组织器件等包含部分或全部生物活性材料的生物复合材料制造，使生命单元功能在工程材料与装备设计中获得体现，将成为目前仿生材料研究的前沿目标之一。

在活性动物生物质材料仿生设计研究中，人们已经取得卓越的成果，在人造器官、人造皮肤、人工肌肉驱动器、药物输送、软体机器人及可编程结构等领域具有重要的应用前景。通过深刻认识生命体的结构特征、形成方式、感知 - 驱动一体化原理等，并突破生机结合界面等关键技术，来实现具有生命特性机械系统的设计与制造。利用功能器官及组织"体外再生"的仿生设计及实现策略，已在体外仿生创成的工艺和过程控制、人造器官和组织安全性的评价标准等方面取得突破，可解决仿生功能器官及组织制造的科学难题。东南大学研究者受变色龙通过自身细胞对有序纳米结构调控实现变色的机制启发，将"活体"结构色水凝胶材料整合到微流体中，开发了具有微生理可视化功能的"心脏芯片"，为药物筛选以及单细胞生物学研究等提供了崭新的平台。研究人员在甲基丙烯酸酯化的明胶（GelMA）上复刻了反蛋白石模板图案，受益于其周期性结构和光子禁带效应，颜色得以在 GelMA 上显现。将心肌组织组装置复刻在反蛋白石模板图案的 GelMA 膜上，心肌组织的伸长-收缩带来的动态变化会引起 GelMA 反蛋白石模版膜的同步反应，引起薄膜体积和形貌的变化，从而带来光子带隙和结构色的变化，如图 3-21 所示。研究者还利用表面具有微槽的反蛋白石结构水凝胶弹性薄膜进行心肌细胞培养，实现了细胞的诱导取向组装，在凝胶体系中较好地促进心肌细胞恢复自主跳动能力，如图 3-22 所示。

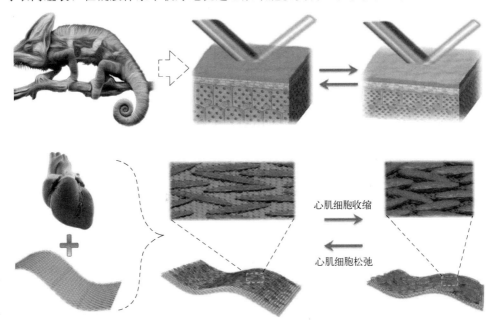

心肌细胞收缩

心肌细胞松弛

图 3-21　具有自主调节结构色功能的反蛋白石水凝胶示意图

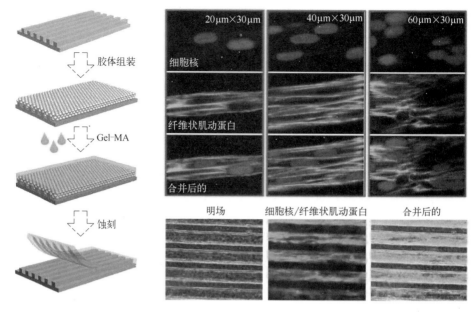

图 3-22 具有微槽的反蛋白石结构水凝胶弹性薄膜用于心肌细胞培养

中国科学院深圳先进技术研究院的研究者通过生物打印优化设计及诱导型生物墨水研发，成功构筑了精确排布成骨细胞的"活"人工骨组织[31]。其所制造的"活"人工骨，不仅维持细胞短时间的高存活率（24h 内大于 95%），还能实现细胞长时间的体内外功能化，促进新骨再生。该团队搭建了一种多通道、常温成型的三维生物制备系统（Bioscaffolder 3.1，GeSiM），基于该平台，通过材料优化构建，可实现具有活性的高强度水凝胶/纳米硅镁盐复合生物墨水构建稳固的骨修复支架支撑体系（第一通道）和具有生物相容性优异的透明质酸包裹均匀分散的成骨细胞维持细胞存活体系（第二通道）。两通道交替打印，实现含细胞的"活"人工骨组织，如图 3-23 所示。这种"活"类骨组织，在骨缺损部位不仅具有优异的修复能力，还能实现异位的新骨生成，推动了三维生物制造技术在组织修复再生中的应用。日本东京大学的研究团队使用人工培育的肌肉组织和树脂骨骼研发出了一个小型"生物合成机器人"，对这个融合了生物组织的机器人施以电刺激，它能够像人的手指一样活动[32]。这种"骨骼肌肉组织"的"生物合成机器人"是生物机器人领域的新突破，不仅因为它使用了功能齐全的骨骼肌肉组织，还因为它比以往利用独立肌肉组织进行收缩运动的构造更为耐久，克服了独立肌肉组织容易僵硬的缺点，关节部位的活动范围也更大。

随着生物活性材料与仿生制造的融合，人们关注的中心已经从单纯的仿生结构设计制造、生物制造产品转变为具有生命属性产品的设计与制造，这些类生命的制造可以实现更为复杂的功能目标，也能通过对生物活性的模仿与复合研究，实现增

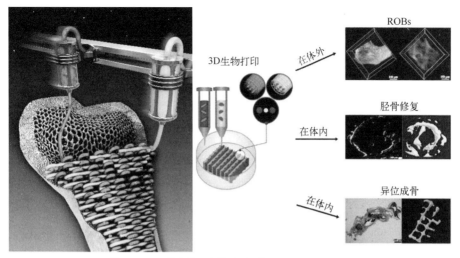

图 3-23　三维生物打印构建"活"人工骨组织示意图

强人体功能或保护人体健康的功能。因此，在生物活性仿生材料制造领域，机会与挑战并存。如何实现类生命单元调控与活性保持，为生长和功能再生提供三维结构和时间功能的调控能力；如何实现类生命体内部信息载体与传导构建，驱动神经组织形成不同的功能；如何进行类脑活性结构的设计与制造，实现人造大脑与人体原器官及若干人造器官的信息收集、决策控制与驱动等，是这个领域亟待解决的几个关键科学问题。

3.3.2　植物生物质材料仿生设计

基于植物生物质材料的仿生设计是指直接利用植物木质素、纤维素、糖类、醛类、醇类、酯类、酚类、胺类、碳类、苯类、酸类、淀粉等生物质材料本身或将其与人工材料结合开发仿生材料的制造研究，是新型绿色、可持续仿生材料的重要研究方向。木质素与纤维素等生物质作为人类社会依赖的重要资源，是一类来源丰富、可天然再生、可生物降解的优质天然高分子材料，由于其独特的机械、生物医学、生物相容、光学、电子以及在化学改性和重构方面的性能和潜力，是目前基于生物质仿生材料研究方向的研究热点。其中，木质素及其衍生物是地球上最丰富的天然材料，作为一种可再生、低成本并且可生物降解的材料，它已广泛用于建筑、储能和柔性电子设备等多个领域。研究者们对木质素的基本特性、分子结构、提取方式、化学改性、复合方法等方面做了大量的研究工作。

木质素是通过无规交联得到的网络结构化合物，结构复杂，也正是复杂的结构赋予了它多样的特点，如芳香环赋予其一定的疏水性、刚性以及耐热性，表面的酚羟基、醇羟基等赋予木质素一定的反应活性。但是其本身的羟基由于存在位阻大、活性低的问题，通常要对其进行改性再利用。此外，木质素的利用还存在分离困难的问题，并且还不能完全对木质素的结构进行精确表征，这是由于不同的分离工艺以及木材种类导致了木质素的结构与单体组成不同。在无法制备完全均一的木质素产品的情况下，很难对木质素进行直接利用。化学改性的木质素因大量化学试剂的使用以及处理过程的复杂性，经济成本和自然成本提高，因此，研究人员对包含木质素的木材本身结构与材料特性等做了大量研究工作，致力于研究木材基生物质的绿色高效转化策略[33,34]。

例如，以美国马里兰大学的胡良兵教授团队与中国科学技术大学俞书宏院士团队为代表所研究的超级致密木头[35]、纳米印花木头[36]、透明木头[37]、过滤木头[38]、导电木头[39]、隔热木头[40]、冷木头[41]、阻燃木头[42] 等亮点工作掀起了高性能生物质仿生材料研究的热潮。研究者们利用化学处理（氢氧化钠、亚硫酸钠）部分移除天然木材中的木质素和半纤维素，然后在100℃条件下，通过机械压缩来实现木材的完全致密化，将天然木材制备成强度可媲美钢材的超级致密木材，其拉伸强度达到 587 MPa，可以和钢材媲美；而比拉伸强度高达 451 MPa·cm^3/g，超过几乎所有的金属和合金材料，甚至包括钛合金（244MPa·cm^3/g），如图 3-24 所示[35]。通过木材去木质化过程将纤维素聚集体从木质素中释放出来，然后在湿润条件下进行压印并在干燥状态下固定设计结构，可以在木材表面得到尺寸为 40 nm～50 μm 的精美微观压印图案，获得纳米印花木头，从而在绿色光学与电子学等领域的应用开辟新的可能，如图 3-25 和图 3-26 所示[36]。利用脱木素和聚

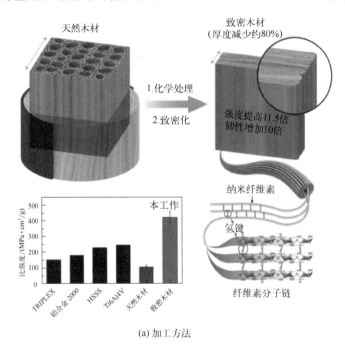

(a) 加工方法

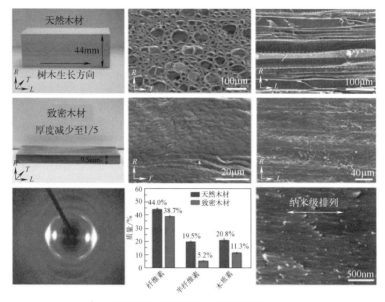

(b) 天然木材和密实化木材结构表征

图 3-24　超级致密木材加工方法及性能

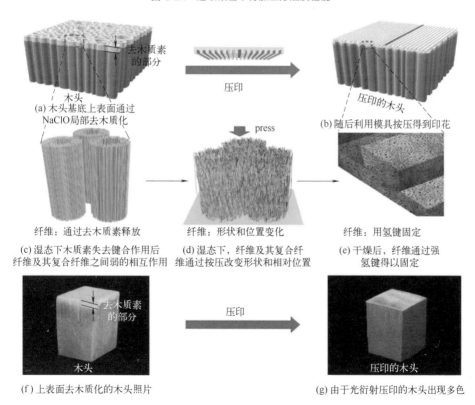

(a) 木头基底上表面通过 NaClO 局部去木质化

压印

(b) 随后利用模具按压得到印花

(c) 湿态下木质素失去键合作用后纤维及其复合纤维之间弱的相互作用

纤维：通过去木质素释放

(d) 湿态下，纤维及其复合纤维通过按压改变形状和相对位置

纤维：形状和位置变化

(e) 干燥后，纤维通过强氢键得以固定

纤维：用氢键固定

(f) 上表面去木质化的木头照片

压印

(g) 由于光衍射压印的木头出现多色

图 3-25　制备表面具有可控微观结构的压印木材示意图

合物渗透的方法制备了一种透光率高达 90%、雾度仅为 10%、导热系数为普通玻璃 1/3 的隔热透明木材材料，同时，该材料还具有良好的韧性和延展性，使其成为绿色光学与建筑领域的潜力应用材料，如图 3-27 所示[37]。树木沿着其生长方向自然拥有一个由垂直排列的通道组成的层次结构，这些通道是新陈代谢过程中水、营养物质和离子的主要运输途径，同时，木材还具有排列在这些主要运输通道上的更小的微孔。研究者们利用这一特性开发了一种新型的"错流"木质过滤材料，如图 3-28 所示[38]，具有高达 1.6×10^4 L/(kg·h) 的流速、高达 99% 的处理效率和 2.2 mol$_{MB}$/(mol$_{Pd}$·min) 的高周转频率以及优异的甲基蓝还原性能，这种高性能的木质"错流"过滤材料为有效减少甲基蓝提供了一个新的材料平台，同时该材料还可以扩展以去除有机污染物和重金属等其他多种催化剂。

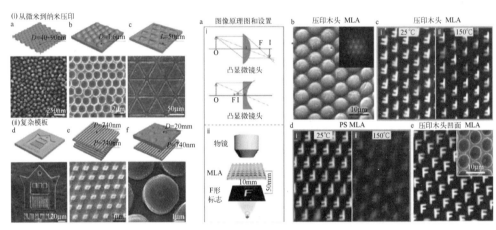

(a) 去木质化的木头表面压印不同的微观图案　　(b) 压印后的木头作为微透镜阵列的应用

图 3-26　压印木头的结构与应用

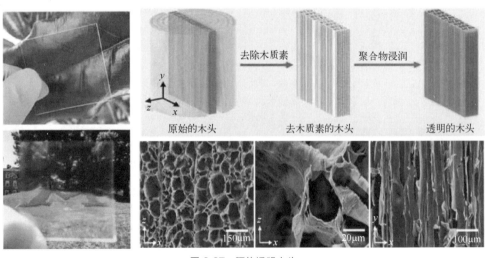

图 3-27　隔热透明木头

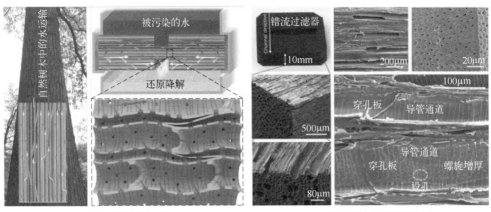

(a) 过滤木头材料结构示意　　　　　　　　(b) 过滤木头材料微观结构

图 3-28　过滤木头

　　木材是一种天然纳米复合材料，木质素基体中嵌入了高度取向的纳米纤维，这使得木材颗粒成为微/纳米结构设计的理想原料。然而，利用自然资源制备的可持续结构材料主要在力学性能、制造工艺、成本与实际应用方面还有不小的差距。俞书宏院士团队利用一种稳定高效的微/纳米结构设计方法，将天然木材颗粒再生为各向同性木材，形成一种高性能的可持续结构阻燃材料[42]。这种自下而上的工艺突破了天然木材各向异性和力学性能不一致的限制，使得再生各向同性木材（RGI wood）能媲美工程塑料，同时，实现了大尺寸 RGI 木材的批量化生产，使各种生物基结构材料的高效大规模生产成为可能。可见，人造木材正慢慢崭露头角，基于生物材料或可循环工程聚合物的人造木材，或许能在未来大放异彩，跻身新型高性能仿生工程材料的大家族之列。

　　得益于木质纤维素的独特结构、优异的力学性能、较低的热膨胀系数、较高的增强潜力和透明度等，近年来，基于木质纤维素的一维（1D）纤维、二维（2D）薄膜和纸张、三维（3D）凝胶和树脂等仿生复合材料正逐步在能源、电子器件、环境及生物医学领域发挥着先进作用，如图 3-29～图 3-32 所示[43]。

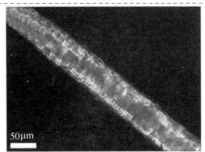

(a) 木质纤维素湿纺制备高强微细纤维　　　　　　(b) 复合纤维

图 3-29

(c) 复合纤维的阻燃性　　　　　　　　　　　(d) 复合纤维的柔韧性

图 3-29　木质纤维素基 1D 复合材料

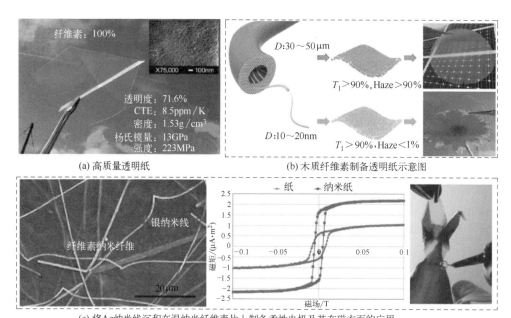

(a) 高质量透明纸　　　　　　　　　　(b) 木质纤维素制备透明纸示意图

(c) 将Ag纳米线沉积在湿纳米纤维素片上制备柔性电极及其在磁方面的应用

图 3-30　木质纤维素基 2D 膜材料

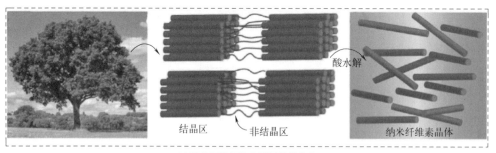

(a) 酸水解法制备木质纤维纳米品

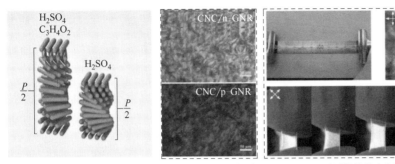

(b) 光子膜的手征向列间距　　(c) 金纳米棒与木质纤维　　(d) 木质纤维纳米晶与弹性体
　　　　　　　　　　　　　　　纳米晶组装合成复合膜　　　　复合制造可拉伸光学器件

图 3-31　木质纤维纳米晶基 2D 膜材料

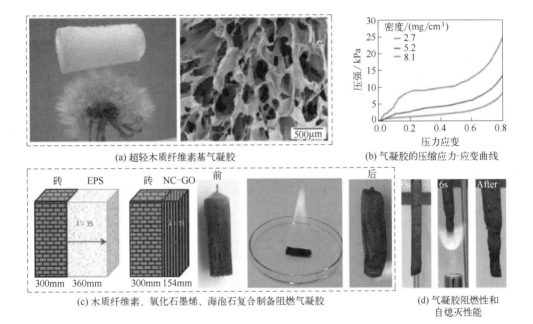

(a) 超轻木质纤维素基气凝胶　　　　　　　(b) 气凝胶的压缩应力-应变曲线

(c) 木质纤维素、氧化石墨烯、海泡石复合制备阻燃气凝胶　　(d) 气凝胶阻燃性和
　　　　　　　　　　　　　　　　　　　　　　　　　　　　　　自熄灭性能

图 3-32　木质纤维基 3D 凝胶材料

随着石化资源的枯竭以及环境问题的加重，寻求可再生的替代材料成为仿生材料研究的一大热点。植物生物质作为储量丰富的天然有机材料，当前利用效率极低，大多被作为燃料而浪费。因此，需从植物生物基质材料的源头开始，利用新颖的技术将这些灵活的生物分子组装成坚固的仿生材料。这种基于植物生物质的复合材料，不仅力学性能超凡出众，而且具有绿色和可再生性，还会展示出这类生物材料作为未来新型材料发展的巨大潜力。

3.3.3　微生物生物质材料仿生设计

　　基于微生物生物质材料的仿生设计是指直接利用微生物组、微生物群落自身或将其与人工材料结合开发仿生材料的制造研究。微生物包括细菌、病毒、真菌以及一些小型的原生生物、显微藻类等在内的一大类生物群体，地球上存在1万亿种微生物，无处不在，无孔不入，无所不能。微生物不仅能保持生态系统的健康功能，影响人类健康、气候变化、粮食安全等，还能引起各类相关疾病，既有益又有害。微生物的应用范围相当广泛，传统上微生物在酒类酿造、食品发酵和污水处理等方面都扮演重要角色。随着科技的发展，将微生物与工程材料仿生复合设计，许多基于微生物生物质的仿生产品被一一开发，如医药品，包括抗生素、荷尔蒙、疫苗、免疫调节剂、血液蛋白质等；农业用品，包括家畜用药、微生物肥料、微生物杀虫剂、微生物除草剂等；特用品和食品添加剂，包括氨基酸、维生素、有机酸、核苷酸等；大宗化学品和能源产品，包括酒精、甘油、甲烷等；环保产品，包括垃圾处理或分解环境污染物质的微生物制品等。

　　例如，麻省理工学院的研究人员通过基因工程培养出一种新型细菌，能够将贻贝分泌出的蛋白质与其自身生物膜分泌出的蛋白质结合在一起，这种混合蛋白具有特殊的黏性，是当前能够在水下直接使用的强度最好的黏合剂，可用于修复舰船裂缝。细菌纤维素是一种天然生物材料，具有良好的纳米纤维层状结构，近年来越来越多地被应用于构建可再生的高性能仿生结构材料。荷兰代尔夫特理工大学的团队采用微生物矿化与溶剂蒸发自组装相结合的方法，制造了一种可大规模生产的层状仿生贝壳材料。研究者首先采用微生物发酵的方法得到细菌纤维素凝胶状块体，利用普通厨房用榨汁机将细菌纤维素层状结构破坏得到细菌素纳米纤维悬浮液，然后将微生物加入悬浮液，由微生物矿化得到的无机碳酸钙晶体，可以直接与细菌素纳米纤维形成机械互锁结构。该矿化的复合物经溶剂蒸发后可自组装形成层状的仿生珍珠母材料，如图3-33所示[44]，具有非常好的韧性和硬度，可无限回收，能够大规模生产，力学性能可调节，并可通过改变模具形状制造成任意产品。该材料不仅能够广泛应用于日常家具、防弹衣、手机支架等，还可替换大部分的石油基塑料产品。中山大学的研究者利用聚合物刷拓扑工程设计了一种在增塑剂存在下具有高电导率和优良力学性能的超薄（$10\mu m$）单锂离子导电准固态聚合物刷电解质（SLIC-QSPBEs），其中，细菌纤维素（BC）纳米纤维骨架提供了强大的力学性能并形成了高度多孔的3D纳米网络结构，可增强离子导电性以及降低界面阻抗。使用SLIC QSPBE组装成的Li/Li对称电池在电流密度为$1\ mA/cm^2$时可稳定逆实现超过3300h[45]的镀锂/剥锂过程。

　　许多细菌能够转动自己的鞭毛游动[46]，而转动鞭毛的动力来自于鞭毛根部的生物电机。这种生物电机利用细胞质膜上质子电势差作为能源，类似人类制造的直

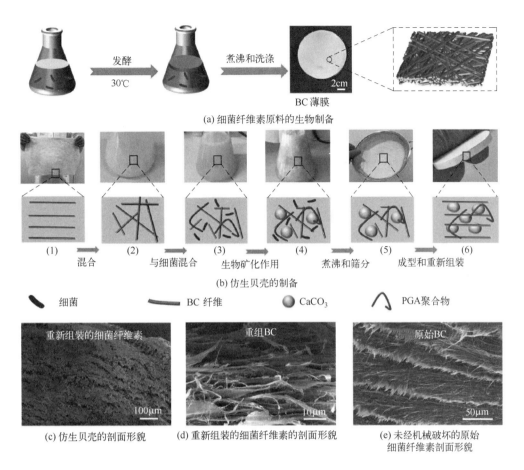

(a) 细菌纤维素原料的生物制备

发酵 30℃

煮沸和洗涤

BC 薄膜

2cm

(1) 混合 → (2) 与细菌混合 → (3) 生物矿化作用 → (4) 煮沸和筛分 → (5) 成型和重新组装 → (6)

(b) 仿生贝壳的制备

细菌   BC 纤维   CaCO₃   PGA聚合物

重新组装的细菌纤维素

100μm

重组BC

10μm

原始BC

50μm

(c) 仿生贝壳的剖面形貌

(d) 重新组装的细菌纤维素的剖面形貌

(e) 未经机械破坏的原始细菌纤维素剖面形貌

图 3-33   仿生贝壳的制备过程

流电机,如图 3-34 所示。随着显微技术的发展,人类对于细菌鞭毛的成分、结构特性与其形成的纳米移动功能系统间的关联有了更深的认识,例如,大肠杆菌(*Esherichia Coli*)为了游动,它利用特殊的生物电机旋转自己的鞭毛,当鞭毛按逆时针开始同步旋转时,鞭毛会扭绞成一束,从而形成特殊结构的螺旋桨。螺旋桨旋转产生使细菌可以几乎沿直线运动的力,此后,鞭毛的旋转方向会变成相反方向,这时鞭毛束会散开,细菌便停下来,开始做不规则转动。通常,细菌电机的旋转速度可达到 50～100 r/s,但有些种类细菌的旋转速度可以超过 1000 r/s。能使细菌鞭毛产生如此快速旋转的生物电机,本身却非常节省能量,它们消耗的能量不超过细菌细胞能源的 1%,但产生的功率却相当惊人。现在纳米系统的移动问题迫切需要解决,因为迄今为止,尚未找到一种简单安全可控的纳米机器激活方法。英国布里斯托大学的研究者模仿生细菌鞭毛结构,利用结晶性棒状纳米胶束的界面高层级组装来构筑可"生长"的仿生微囊。由于微囊的构筑单元——棒状胶束本身可

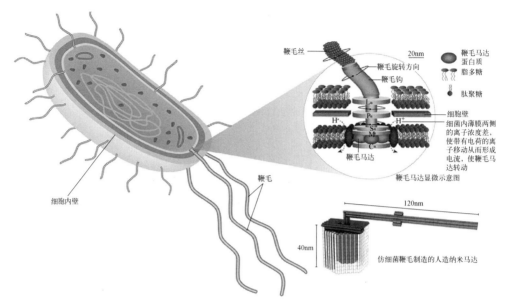

图 3-34　细菌鞭毛生物电机结构示意

以利用结晶诱导自组装（crystallization driven self-assembly，CDSA）轴向"活性"生长，这使得这种微囊具备可外延性生长特性，既可通过结晶自组装诱导的"活性"生长形成仿细菌的多"鞭毛"结构，又可以利用这种特性制备具有荧光发射或生物信号传导能力的功能性"鞭毛"，从而为功能性仿生微囊的构筑开辟了新的思路[47]。

　　受细菌鞭毛材料成分与结构色特性及功能原理启示，人们研发了多种仿生纳米发动机驱动材料，这为解决纳米系统的移动问题提供参考，同时，也为建造微型发动机提供了技术原理支持。意大利纳米技术研究所的研究者将一滴包含成千上万自由游动的转基因大肠杆菌的液体加入到含有大量微型电机的液体之中时，几分钟内微型电机就会开始旋转起来。部分细菌头部向前游动，进入到微型电机外缘所蚀刻的 15 个微室中，并且把鞭毛伸出微室之外，与游动的细菌一同致使微型电机旋转，有点类似于流动的河水驱动水磨旋转，如图 3-35 和图 3-36 所示[48]。这些包含大量游动细菌的液体被称为"活性液体（active fluid）"，为了使活化液体可作为一种用于推动微型机器的燃料，必须控制细菌的无序运动，使所有（或大部分）的细菌在同一方向移动。沿着每个微电机边缘的微室都会受到一个 45°倾斜角的撞击，使其总扭矩最大化，细菌的移动可以导致电机旋转。研究人员建立了一个放射线状斜坡，并策略性地放置障碍，直接引导移动细菌进入微室，微型电机的转速随着捕获细菌的数量增长而呈现出线性增长趋势，可以很容易地实现 20r/min 的旋转速度，这种细菌驱动的微型电机在医学上有潜在的应用前景，如药物交付、纳米机器人等。

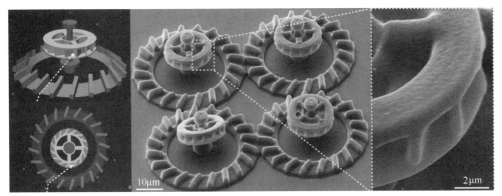

(a) 细菌微电机3D模型   (b) 模型俯视图与局部结构

图 3-35 细菌微电机 3D 模型与局部结构

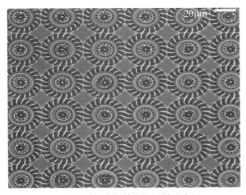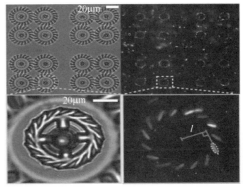

(a) 36个旋转微电机的明场显微放大图   (b) 用于表征旋转动力学的16个转子阵列及转子放大图

图 3-36 细菌微电机显微图

随着现代生物技术的不断进步以及人类对微生物了解的日渐加深，微生物作为一种重要的资源，因其具有生长周期短、易于大规模培养等优点，已经被应用于工业、农业、医疗、食品等生产的方方面面，形成了很多新的微生物技术。

3.4 基于物质与能量传递行为的仿生设计

基于物质与能量传递行为的仿生材料是指研究生物体中的物质与能量传递、转移或交换等，如模仿生物自身繁殖、生长发育、新陈代谢、化合作用、自修复、自愈合、蒸发、蒸腾、电解、水解、催化、发酵、固氮、渗透以及各种刺激传递等过程中的生物材料载体，开发出的仿生新材料。这些物质与能量传递与交换等过程是生物生存的根本，在亿万年进化过程形成了高效与低耗的特性，而承载这些过程的生物材料或介质也是仿生材料研究的重要蓝本。

3.4.1 光合作用

近年来,在物质与能量传递行为仿生研究重点当属基于太阳能、风能、水能等与自然生物间的能量传递与转化而开发出的绿色、可持续清洁能源材料方向。由于人类所使用的能源主要来源于不可再生的化石燃料,这造成了化石燃料能源的过度消耗,由此带来的能源枯竭危机和温室效应等问题,使得新型清洁、可续能源的开发利用成为刻不容缓的需求,科学家们致力于开发以太阳能为首的清洁能源。利用可持续清洁能源太阳能,模拟自然界的光合作用、光催化、光蒸发、光热转化、光电转化、光伏转化、光力转化、光化学转化等成为可持续能源领域的研究热点。而说到对光能的利用,就不得不提到自然界中对光能量传递与转换的典范——光合作用,构建可以媲美生物光合作用体系的人造光合作用材料与系统一直是科学家们追求的梦想。

例如,上海交通大学材料科学与工程学院教授范同祥研究团队模仿天然叶片结构,创造性地将钛基催化剂 3D 打印成“人造树叶”形状,使其具有利于二氧化碳吸收和扩散的多尺度孔洞结构,如图 3-37 所示。这种“人造树叶”的一氧化碳和甲烷产生速率分别达到了 $0.21\mu mol/(g \cdot h)$ 和 $0.29\ \mu mol/(g \cdot h)$,分别是相同组分粉末状钛基催化剂的 2 倍和 6 倍,极大提升了人工光合作用催化剂的催化效率,在清洁能源领域有着巨大的应用潜力。英国布里斯托大学的研究者受到生物体内光细胞器的作用模式的启发,采用具有活性结晶性质的聚二茂铁硅烷与包含基于钴络合物的光催化基团,通过分子层面和纳米至微米的组装结构层面的共同调控,构建了一套可循环、可回收的高效光催化产氢体系[49],使得科学家们在追逐将太阳能廉价地转化为其他可被利用的能源的体系的道路上更进一步。哈佛大学的研究者利用钴磷合金为催化剂开发出一种仿生叶子,它能够利用太阳能电池板所提供的电力,把水分解为氢气和氧气,而系统内的微生物以氢为食,能把空气中的二氧化碳转化为生物燃料,如图 3-38 所示[50]。其 $1kW \cdot h$ 时的电能让仿生叶消化 130g 的二氧化碳,产出 60g 的异丙醇燃料。这种转化效率大约是自然界光合作用的 10 倍以上。美国东北大学的研究者采用热台对丝瓜络进行快速碳化处理,顶部碳化层可作为具有宽频的光吸收和高光捕获的高效太阳能吸收器。在底层,利用丝瓜络纤维的天然亲水性和分级的大孔、微通道结构,可以从不同方向往局部加热的碳化层补充足够的水。在海水淡化过程中,大孔和微通道的盐浓度梯度可以通过管壁上的微孔实现盐交换,防止盐在蒸发器表面积聚,从而确保了长期稳定性,如图 3-39 和图 3-40 所示[51],其在模拟太阳光照射下表现出高蒸发速率 $1.42\ kg/(m^2 \cdot h)$ 和优异的蒸发效率 89.9%。同济大学的研究者通过超黑材料的涂覆和剪纸技术,模仿生长在热带雨林底层的龟背竹的开窗叶片,制备出了一种可以在弱光条件下高效工

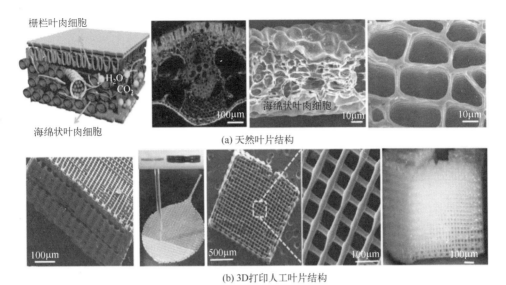

(a) 天然叶片结构

(b) 3D打印人工叶片结构

图 3-37　3D 打印 "人造树叶"

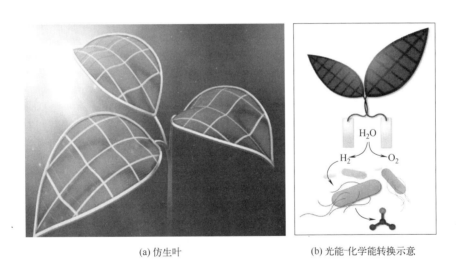

(a) 仿生叶　　　　　　　　　　(b) 光能-化学能转换示意

图 3-38　人造光合作用仿生叶

作的三维仿龟背竹人工蒸发器，如图 3-41 所示[52]，该蒸发器的设计被证明对包括聚吡咯、炭黑、炭气凝胶、黑色墨水等常见的光吸收材料均有效。其弱光条件下表现出的卓越性能可以归因于其巨大的蒸发面积以及由开窗术带来的优良的光热管理能力。

　　图 3-39 中，(a) 为丝瓜植物图片，(b) 为通过表面碳化的丝瓜络大规模制备太阳能蒸发器件示意图，(c) 为蒸发器的多层结构的光吸收机理的示意图，(d) 为蒸发器的大孔结构及表面光热转化示意图，(e) 为蒸发器的微通道以及内部光反射机理示意图，(f) 为光热转换及界面盐交换示意图，(g) 为界面盐交换放大示意图。

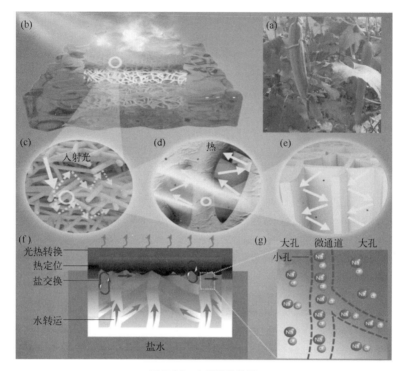

图 3-39 太阳能蒸发器

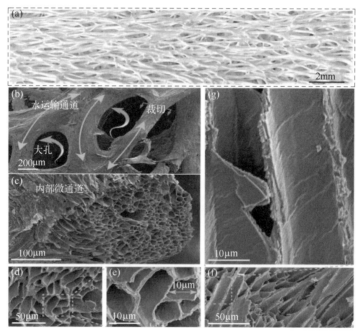

图 3-40 丝瓜络蒸发器材料结构

图 3-40 中，(a) 为丝瓜络几何特征，(b) 为蒸发器的三维多孔结构和内部通道，(c) 为蒸发器横截面，(d)、(e) 为不同放大倍数下的微通道结构横截面，(f)、(g) 为不同放大倍数下的纤维内部交错微通道。

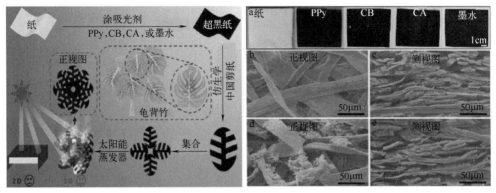

(a) 仿龟背竹蒸发器的制备   (b) 蒸发器材料微观结构

图 3-41　仿龟背竹蒸发器制备与材料微观结构

尽管在过去的几十年中，科学家们对各种人造光合作用系统进行了探索，但人造光合材料中对各组分的构型、空间位置的调控都难以达到生命体系的精度和整合度。因此，如何巧妙地调控组分间的相互作用力，从而构建高效的具有光合作用的人造材料体系，仍然是一项重要挑战，研究者们也围绕此挑战一直在寻找提升光合作用转化效率的新策略。在未来，我们相信通过对一些材料与结构进行优化，会发展出更多的仿生材料来实现各种不同的光能量捕获和自驱动体系，它们将满足更加专业且广泛的应用需求，同时推动可续绿色能源的实际应用。

3.4.2　新陈代谢

新陈代谢指生物体从外界取得生活必需物质，通过物理、化学作用变成生物体有机组成部分，供给生长、发育，同时产生能量维持生命活动，并把废物排出体外的新物质代替旧物质的过程。其包括物质代谢和能量代谢两个方面，生命通过新陈代谢过程将食物转化为能量，为运动和生长提供动力。物质代谢是指生物体与外界环境之间物质的交换和生物体内物质的转变过程，能量代谢是指生物体与外界环境之间能量的交换和生物体内能量的转变过程，二者是相互联系、相互偶联的。生物在长期的进化过程中，不断地与它所处的环境发生相互作用，逐渐在新陈代谢方式上形成了不同的类型，按照自然界中生物体同化和异化过程的不同，新陈代谢的基本类型可以分为同化作用和异化作用两种。生物有机体把从环境中摄取的物质，经一系列的化学反应转变为自身物质。这一过程称为同化作用，即物质从外界到体内，从小分子到大分子。因此，同化作用是一个吸收能量的过

第 3 章　材料仿生设计理念　　087

程，如绿色植物利用光合作用，把环境中的水和二氧化碳等物质转化为淀粉、纤维素等物质。与此相反的是异化作用，即从体内到外界环境，物质由大分子转变为小分子的过程，这是个释放能量的过程，同时把生物体不需要或不能利用的物质排出体外。

材料的新陈代谢一般是指新的物质不断生成，旧的物质不断被分解，这很像生物独有的新陈代谢。代谢是使生命存活的关键过程，在合成、分解代谢的平衡中维持了 DNA 材料的稳定存在与更新，类似于生命的特征。在实验室里重现以这种类似生命新陈代谢的"人工新陈代谢"方式制造 DNA 材料的过程是近年来研究的热点。新陈代谢是开发活性仿生材料的基础，如果材料能进行物质与能量的供给，实现新陈代谢功能，就可以长久地保持材料的活性与动力。美国康奈尔大学与中国科学院苏州纳米技术与纳米仿生研究所的研究团队共同合成了一种以 DNA（脱氧核糖核酸）为材料构成的类生命"软机器人"，可通过自身新陈代谢为驱动实现自主运动，未来有望用于开发生物芯片等。在这一系统中，DNA 分子被合成组装为一种层级结构，在可提供能量的液体中按指令、自动地进行生长与降解。这种"软机器人"从只有 55 个核苷酸碱基的 DNA 分子增殖数千万倍，形成几毫米长的 DNA 水凝胶，如图 3-42 所示[53]。在反应液中，胶体首端生长、尾端降解，从而获得动力，可以像黏液菌一样逆流运动。图 3-42 中，（a）、（b）、（c）为人工代谢的合成代谢和分解代谢途径与实施过程，（d）展示了最大宽度为 15 μm 的一维线，（e）为最小宽度的一维线，（f）为 2D 交叉影线图案，（g）为二维图纸（双螺旋图案），（h）为 2D 图纸（正方形），（i）、（j）、（k）分别为 D、N 和 A 字母形状 2D 图纸。

新陈代谢是生命最基本的特征，生物在长期的进化过程中，为了适应外界环境的变化——尤其是食物营养物质供应变化的需要，形成了相应的代谢系统及调控机制。例如，陆生动物进化出著名的鸟氨酸循环（尿素循环），用于处理食物中蛋白质分解代谢所产生的大量氨，将氨转化为尿素后排出体外。因此，鸟氨酸循环是细胞氮废物排除的关键，是陆生动物高蛋白饮食必要的代谢途径。中国科学院分子植物科学卓越创新中心的研究者对蓝藻细胞内的鸟氨酸—氨循环进行了研究，利用动态代谢流量组与代谢组分析技术首次发现了一条新型氮代谢途径——鸟氨酸—氨循环，发现该循环包含一步新的生化反应，即精氨酸双水解酶催化精氨酸水解生成鸟氨酸和氨。研究表明，在氮源充足条件下鸟氨酸—氨循环促使氮同化及存储以最大速率进行，而在氮源匮乏时该循环使得细胞中的氮储存迅速分解，从而满足细胞的生长需要。因此，鸟氨酸—氨循环具有氮存储和活化的功能，对于蓝藻适应环境氮源缺乏和变化极其重要。鸟氨酸—氨循环在蓝藻中广泛存在，包括许多海洋固氮蓝藻，所以它对于海洋氮固定乃至地球的氮循环都具有非常重要的贡献。

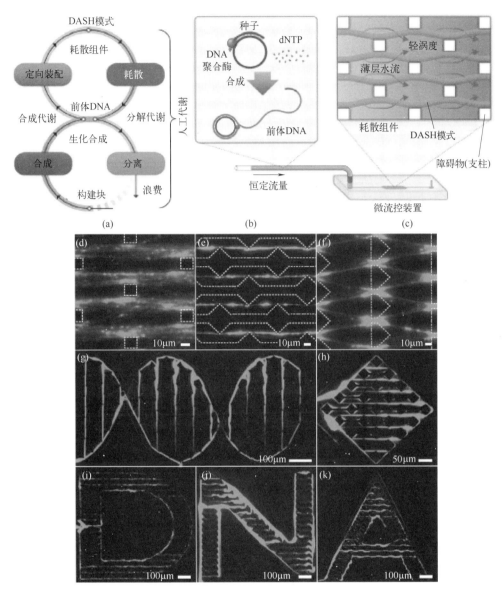

图 3-42　人工新陈代谢合成材料

3.5　基于生境材料的仿生设计

地球在亿万年进化过程中，不仅形成了动物、植物、微生物等具有生命或具有活性的生物质材料，同时，也形成了众多无生命的物质，如水、盐、岩石、矿物、矿石、土壤、黏土、沙漠、石油、煤炭等生境材料，人们对其加工与利用亘古有之，从未停息，这些材料是我们日常生活与生产过程不可或缺的原材料，具有不可估量的作用。基于生境材料的仿生材料是指将生境景观材料本身作为原材料或与人工材料结合进行新材料的合成，利用生境材料独特的材料成分与结构特性、特殊的功能属性、天然的矿化/组装/硫化/风化/沉积/熔化/氧化等形成过程、绿色可续的可再生性/可回收性等进行新型材料设计，这类设计理念正逐渐成为新型高性能、超性能功能材料研究的热点方向。

例如，玄武岩是由火山喷发出的岩浆冷却后凝固而成的一种致密状或泡沫状结构的岩石，本是我国常见的一种普通铺路石料，但经过特殊手段处理后，它却能改变形态，变成一种泛着金属光泽的高性能纤维材料——玄武岩纤维。这种纤维的强韧度是钢材的 5～10 倍，重量却是同体积钢材的 1/3 左右。高质量发展的实现离不开强大的新材料支撑。"十三五"期间，国家将玄武岩纤维列为重点发展的四大纤维材料之一，《重点新材料首批次应用示范指导目录（2019 年版）》也再次将玄武岩纤维列入关键战略材料。将玄武岩矿石粉碎磨粉后倒入熔炉，在超过 1200℃ 的高温下加热，粉料变成了液体状态。这些溶液经过澄清冷却和均质化后，通过漏板，在拉丝机的高速牵引下，像棉花糖一样被拉成一根根 7～20μm 的细丝，这就是玄武岩纤维。虽然一根玄武岩纤维丝的直径只有头发丝的 1/3，但其强度却是同等直径钢纤维的两倍，比合金耐腐蚀，能耐受 500℃ 的高温。加捻的玄武岩纤维像棉线，织成布可以用来做防护服。将玄武岩纤维和高分子基体采用特定的工艺成型后制得的纤维增强复合材料则具有高比强度，可以用来制造坦克、舰船、飞机的轻质、高强外壳。更可贵的是，玄武岩是一种天然矿石，制造玄武岩纤维的过程中基本没有有害物质排出，对环境污染很小。现今，玄武岩纤维成功进入与碳纤维、玻璃纤维并列的高性能纤维行列，基于玄武岩纤维设计的各类仿生材料应用范围十分广泛，在航空、航天、建筑建材、道路桥梁建设、舰艇船舶制造、风力发电、净化水源等领域都能大展身手。如中国科学院深圳先进技术研究院的研究者以天然玄武岩为原料设计并制备了一种便宜、稳定且耐腐蚀的玄武岩纤维光热膜，用于光热海水淡化以及水净化领域。此光热膜在紫外线（UV）和近红外（NIR）范围内均显示出广泛的吸收性，并具有出色的光热性能，可以在不同条件下稳定运行。此外，玄武岩纤维光热膜在有机染料溶液（去除率 99%）、油水混合物（去除率 99%）和海水淡化（去除率 99%）中体现了出色的蒸发和分离性能，玄武岩纤维光热膜在一个太阳光照射下的水蒸发效率可以达到 $1.50 \ kg/(m^2 \cdot h)$，并且组装的太阳光蒸发系统可以连续有效地进行海水淡化，如图 3-43 所示[54]。此研究结果表明，玄武岩纤维光热膜在海水淡化以及水净化领域具有广阔的应用前景，如有机溶剂脱色、油水乳液脱油、高盐海水脱盐等，大大拓展了目前玄武岩纤维以及光热转化材料在水处理方面的应用领域。随着我国探月工程的推进，科研人员已经在探究用月球表面分布的玄武岩质月壤制作连续纤维的可行性。研究结果表明，月壤与地球玄武岩矿石具有相近的化学成分、矿物相组成和类似的成纤行为。科研人员利用玄武岩纤维本身含有的金属元素实现了碳纳米材料在纤维表面的可控生长，获得了导电纤维材料，颠覆了传统玄武岩纤维是绝缘体的概念，增加了玄武岩纤维的功能价值，拓展了材料在电磁屏蔽等领域的应用。

又如，云母是云母族矿物的统称，是钾、铝、镁、铁、锂等金属的铝硅酸盐，具有层状结构，其广泛应用于建材行业，消防行业，灭火剂、电焊条、塑料、电绝缘、造纸、沥青纸、橡胶、珠光颜料等化工工业。云母还具有双折射能力，也是制造偏振光片的光学仪器材料，同时，超细云母粉作为塑料、涂料、油漆、橡胶等功能性填料，可提高其机械强度，增强韧性、附着力、抗老

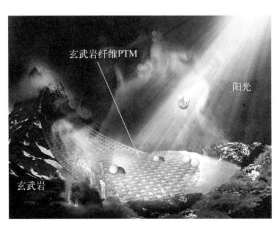

图 3-43　玄武岩纤维光热膜海水淡化示意图

化性及耐腐蚀性等。湖南大学的研究团队受贝壳珍珠层结构的启发，将商业化芳纶微米纤维在二甲基亚砜/强碱体系中利用去质子化剥离成纳米纤维，并将其与剥离的单层云母纳米片混合，形成黏性溶胶；接着采用水浸泡重新质子化的方法将溶胶转变为水凝胶，微观上，芳纶纳米纤维在整个水凝胶中形成高度缠结的牢固三维网络结构，云母纳米片均匀分布在该网络中；最后，干燥水凝胶将其转换为大面积层状复合薄膜，云母纳米片有序嵌入到三维芳纶纳米纤维框架中，形成层状复合结构，如图 3-44 所示[55]。图 3-44 中，（a）为剥离芳纶纳米纤维示意图，（b）为云母纳米片的 AFM 图，（c）为由溶胶转换而来的水凝胶示意图，（d）为由水凝胶转换而来的大面积云母基纳米纸，（e）、（f）为冻干水凝胶，（g）、（h）为云母基纳米纸的横截面，（i）为云母基纳米纸的多尺度结构示意图。这种大面积制备的仿生云母基纳米纸，显示了超大的应变（78.9%）和超高的韧性（109 MJ/m^3），拉伸强度是杜邦公司云母/芳纶微米纸 Nomex 818 的 5 倍，断裂应变是 Nomex 818 的 45倍，耐电击穿强度是 Nomex 818 的 5.5 倍，耐热性能与 Nomex 818 相当。中国科学技术大学的研究团队基于珍珠母所具有的砖-泥结构，采用纤维素纳米纤维（CNF）和二氧化钛包覆的云母片（TiO$_2$-Mica）复合制备了具有仿生结构的高性能可持续结构材料，如图 3-45 所示[56]。二氧化钛包覆的云母片作为仿生结构中的砖块，一方面为结构材料提供了远高于工程塑料的强度，另一方面，还通过裂纹偏转等仿生结构，大幅提高了材料的韧性和抗裂纹扩展性能，为该材料作为一种新兴的可持续材料来替代现有的不可降解塑料打下了坚实的基础。该工艺过程易于扩大

规模，产品具有良好的可加工性和丰富多变的色彩和光泽，使其可以作为一种更加美观和耐用的结构材料而有望替代塑料。

自然界能给予我们灵感，让我们提出独特且能很好地适应环境的材料设计方案，这些方案拥有更好的功能和资源管理体系，能转化到工业领域，解决我们目前面临的大部分问题。新材料并不单是一种全新物质，通过仿生设计对石头、土壤、沙漠等自然界最常见的生境物质进行创新转化，这些司空见惯的材料都能华丽变身，为我们的生活带来不一样的全新材料。

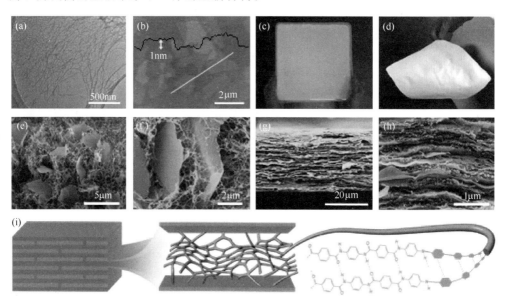

图 3-44 采用溶胶-凝胶-薄膜转换技术制备大面积云母基纳米纸

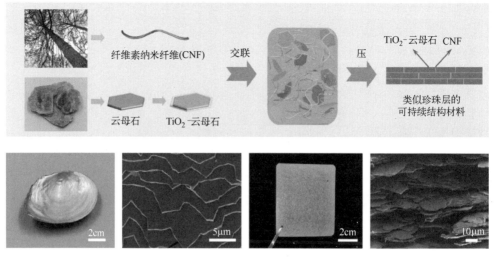

图 3-45 云母仿生结构材料制备

参考文献

[1] Shang L，Yu Y，Liu Y，et al. Spinning and applications of bioinspired fiber systems [J]. ACS Nano，2019，13（3）：2749-2772.

[2] Pei Y，Jordan K E，Xiang N，et al. Liquid-exfoliated mesostructured collagen from the bovine achilles tendon as building blocks of collagen membranes [J]. ACS Applied Materials & Interfaces，2021，13（2）：3186-3198.

[3] Ge G，Lu Y，Qu X，et al. Muscle-inspired self-healing hydrogels for strain and temperature sensor [J]. ACS Nano，2020，14（1）：218-228.

[4] Grunenfelder L K，Milliron G，Herrera S，et al. Ecologically driven ultrastructural and hydrodynamic designs in stomatopod cuticles [J]. Advanced Materials，2018，30（9）：1705295.

[5] Zou W，Pattelli L，Guo J，et al. Biophotonic films：biomimetic polymer film with brilliant brightness using a one-step water vapor-induced phase separation method [J]. Advanced Functional Materials，2019，29（23）：1808885.

[6] Guan Q F，Han Z M，Zhu Y B，et al. Bio-inspired lotus-fiber-like spiral hydrogel bacterial cellulose fibers [J]. Nano Letters，2021，21（2）：952-958.

[7] Zhang C，Mo J，Fu Q，et al. Wood-cellulose-fiber-based functional materials for triboelectric nanogenerators [J]. Nano Energy，2021，81：105637.

[8] Blair K M，Turner L，Winkelman J T，et al. A molecular clutch disables flagella in the bacillus subtilis biofilm [J]. Science，2008，320（5883）：1636-1638.

[9] L K，Ginsburg M A，Crovace C，et al. Structure of the torque ring of the flagellar motor and the molecular basis for rotational switching [J]. Nature，2010，466（7309）：996-1000.

[10] Li Z Q，Zhu Y L，Niu W W，et al. Healable and recyclable elastomers with record-high mechanical robustness，unprecedented crack tolerance，and superhigh elastic restorability [J]. Advanced Materials，2021，33（27）：2101498.

[11] Dou Y，Wang Z P，He W，et al. Artificial spider silk from ion-doped and twisted core-sheath hydrogel fibres [J]. Nature Communications，2019，10：5293.

[12] Xie R，Xu P，Liu Y，et al. Necklace-like microfibers with variable knots and perfusable channels fabricated by an oil-free microfluidic spinning process [J]. Advanced Materials，2018，30（14）：1705082.

[13] Liu Z，Qi D，Hu G，et al. Surface strain redistribution on structured microfibers to enhance sensitivity of fiber-shaped stretchable strain sensors [J]. Advanced Materials，2018，30（5）：1704229.

[14] Raut H K，Schwartzman A F，Das R，et al. Tough and strong：cross-lamella design imparts multifunctionality to biomimetic nacre [J]. ACS Nano，2020，14（8）：9771-9779.

[15] Derocher K A，Smeets P J M，Goodge B H，et al. Chemical gradients in human enamel crystallites [J]. Nature，2020，583（7814）：66-71.

[16] Chen S M，Gao H L，et al. Biomimetic twisted plywood structural materials [J]. Nation-

al Science Review，2018，5（5）：105-116.

[17] Yang T，Jia Z，Chen H，et al. Mechanical design of the highly porous cuttlebone：a bio-ceramic hard buoyancy tank for cuttlefish [J]. Proceedings of the National Academy of Sciences，2020，117（38）：23450-23459.

[18] Gao H L，Chen S M，Mao L B，et al. Mass production of bulk artificial nacre withexcellent mechanical properties [J]. Nature Communications，2017，8：287.

[19] Grossman M，Bouville F，Erni F，et al. Mineral nano - interconnectivity stiffens and toughens nacre-like composite materials [J]. Advanced Materials，2017，29（8）：1605039.

[20] Wang Y Y，An B，Xue B，et al. Living materials fabricated via gradient mineralization of light-inducible biofilms [J]. Nature Chemical Biology，2021，17（3）：351-359.

[21] Sutton G P，Burrows M. Biomechanics of jumping in the flea [J]. Journal of Experimental Biology，2011，214（5）：836-847.

[22] Zylinski S，Johnsen S. Mesopelagic cephalopods switch between transparency and pigmentation to optimize camouflage in the deep [J]. Current Biology，2011，21（22）：1937-1941.

[23] Cranford S W，Tarakanova A，Pugno N M，et al. Nonlinear material behaviour of spider silk yields robust webs [J]. Nature，2012，482（7383）：72-76.

[24] Pris A D，Utturkar Y，Surman C，et al. Towards high-speed imaging of infrared photons with bio-inspired nanoarchitectures [J]. Nature Photonics，2012，6（8）：195-200.

[25] Li L，Ortiz C. Pervasive nanoscale deformation twinning as a catalyst for efficient energy dissipation in a bioceramic armour [J]. Nature Materials，2014，13（5）：503-507.

[26] Han L，Yan L，Wang K，et al. Tough，self-healable and tissue-adhesive hydrogel with tunable multifunctionality [J]. Npg Asia Materials，2017，9（4）：e372.

[27] Liu Q，Bi C，Li J，et al. Generating giant membrane vesicles from live cells with preserved cellular properties [J]. Research，2019，17：3-9.

[28] Sun Q，Gao X，Wang S，et al. Microstructure and self-healing capability of artificial skin composites using biomimetic fibers containing a healing agent [J]. Polymers，2022，15（1）：190.

[29] Kim Y，Yuk H，Zhao R，et al. Printing ferromagnetic domains for untethered fast-transforming soft materials [J]. Nature，2018，558（7709）：274-279.

[30] Baumgartner M，Hartmann F，Drack M，et al. Resilient yet entirely degradable gelatin-based biogels for soft robots and electronics [J]. Nature Materials，2020，19（10）：1102-1109.

[31] Zhai X，Ruan C，Ma Y，et al. Nanocomposite hydrogels：3D-bioprinted osteoblast-laden nanocomposite hydrogel constructs with induced microenvironments promote cell viability，differentiation，and osteogenesis both in vitro and in vivo [J]. Advanced Science，2018，5（3）：1870013.

[32] Acome E，Mitchell S K，Morrissey T G，et al. Hydraulically amplified self-healing electrostatic actuators with muscle-like performance [J]. Science，2018，359（6371）：61-65.

[33] Jiang B，Yao Y G，Liang Z Q，et al. Lignin-based direct ink printed structural scaffolds [J]. Small，2020，16（31）：1907212.

[34] Yu Z L，Qin B，Ma Z Y，et al. Emerging bioinspired artificial woods [J]. Advanced Materials，2021，33 (28)：202001086.

[35] Song J W，Chen C J，Shu S Z，et al. Processing bulk natural wood into a high-performance structural material [J]. Nature 2018，554 (7691)：224-228.

[36] Huang D F，Wu J Y，Chen C J，et al. Precision imprinted nanostructural wood [J]. Advanced Materials，2019，31 (48)：1903270.

[37] Jia C，Chen C，Mi R，et al. Clear wood toward high-performance building materials [J]. ACS Nano，2019，13 (9)：9993-10001.

[38] He S，Chen C，Chen G，et al. High-performance，scalable wood-based filtration device with a reversed-tree design [J]. Chemistry of Materials，2020，32 (5)：1887-1895.

[39] Chen G G，Li T，Chen C J，et al. A highly conductive cationic wood membrane [J]. Advanced Functional Materials，2019，29 (44)：1902772.

[40] Li T，Song J，Zhao X，et al. Anisotropic，lightweight，strong，and super thermally insulating nanowood with naturally aligned nanocellulose [J]. Science Advances，2018，4 (3)：3724.

[41] Li T，Zhai Y，He S，et al. A radiative cooling structural material [J]. Science，2019，364 (6442)：760-763.

[42] Guan Q F，Han Z M，Yang H B，et al. Regenerated isotropic wood [J]. National Science Review，2021 (7)：132-140.

[43] Liu C，Luan P，Li Q，et al. Biopolymers derived from trees as sustainable multifunctional materials：a review [J]. Advanced Materials，2021，33 (28)：2001654.

[44] Yu K，Spiesz E M，Balasubramanian S，et al. Scalable bacterial production of moldable and recyclable biomineralized cellulose with tunable mechanical properties [J]. Cell Reports Physical Science，2021，2 (6)：100464.

[45] Zhou M H，Liu R L，Jia D Y，et al. Ultrathin yet robust single lithium-ion conducting quasi-solid-state polymer-brush electrolytes enable ultralong-life and dendrite-free lithium-metal batteries [J]. Advanced Materials，2021，2 (29)：2100943.

[46] Stocker R，Durham W M. Tumbling for stealth [J]? Science，2009，325 (5939)：400-402.

[47] Dou H，Li M，Qiao Y，et al. Higher-order assembly of crystalline cylindrical micelles into membrane-extendable colloidosomes [J]. Nature Communications，2017，8：426.

[48] Vizsnyiczai G，Frangipane G，Maggi C，et al. Light controlled 3D micromotors powered by bacteria [J]. Nature Communications，2017，8：15974.

[49] Tian J，Zhang Y，Du L，et al. Tailored self-assembled photocatalytic nanofibres for visible-light-driven hydrogen production [J]. Nature Chemistry，2020，12 (12)：1150-1156.

[50] Liu C，Colon B C，Ziesack M，et al. Water splitting-biosynthetic system with CO_2 reduction efficiencies exceeding photosynthesis [J]. Science，2016，352 (6290)：1210-1213.

[51] Liu C，Hong K V，Sun X，et al. An 'antifouling' porous loofah sponge with internal microchannels as solar absorbers and water pumpers for thermal desalination [J]. Journal of Materials Chemistry A，2020，8 (25)：12323-12333.

[52] Wang H Q，Zhang C，Zhang Z H，et al. Artificial trees inspired by monstera for highly efficient solar steam generation in both normal and weak light environments [J]. Advanced

Functional Materials，2020，30（48）：2005513.

[53] Hamada S，Yancey K G，Pardo Y，et al. Dynamic DNA material with emergent locomotion behavior powered by artificial metabolism ［J］. Science Robotics，2019，4（29）：3512.

[54] Wan P，Gu X B，Ouyang X L，et al. A versatile solar-powered vapor generating membrane for multi-media purification ［J］. Separation and Purification Technology，2021，260：117952.

[55] Zeng F，Chen X，Xiao G，et al. A bioinspired ultratough multifunctional mica-based nanopaper with 3D aramid nanofiber framework as an electrical insulating material ［J］. ACS Nano，2019，14（1）：611-619.

[56] Guan Q F，Yang H B，Han Z M，et al. An all-natural bioinspired structural material for plastic replacement ［J］. Nature Communications，2020，11（1）：115401.

第 **4** 章

材料仿生研究前沿

新一轮技术革命正在创造历史性的机遇，催生了互联网＋、分享经济、3D 打印、4D 打印、智能制造、超材料超结构、类生命体制造等新理念、新业态，蕴含着新原理、新技术、新方法以及巨大的发展潜力，这些都将直接推动新一轮科技成果的问世，产生不可估量的经济价值。新一代智能化、绿色化、优质化的仿生材料设计理念与生产模式正迅速向工程技术领域渗透，制造过程和产品更加注重以人为本，追求绿色、健康、可持续。仿生材料自身就是材料领域发展的前沿和创新的源泉，而结合领域自身特点和国际上仿生材料的研究热点和前沿，结合我国科技发展的重大需求，开展仿生材料重点方向攻关，完善其基础研究理论与方法，突破关键技术瓶颈，将会产出更多、更优的成果。同时，随着科学技术发展需求，材料仿生研究势头强劲，已形成几个充满活力的前沿发展方向。

4.1 仿生超材料

随着传统材料设计思想的局限性日渐暴露，显著提高材料综合性能的难度越来越大，材料高性能化对稀缺资源的依赖程度越来越高，发展超越常规材料性能极限的仿生材料设计新思路，成为新材料研发的重要任务。超材料（metamaterials）作为一种新的概念进入了人们的视野，引起了科技界、工业界和军工界的广泛关注，并成为跨越物理学、材料科学和信息科学等学科的活跃的研究前沿。目前，超材料的一般定义为具有天然材料所不具备的超常物理性质的人工复合结构或复合材料，是将人造单元结构以特定方式排列形成的具有特殊功能特征的人造结构材料。典型的超材料包括负泊松比材料、负介电常数材料、左手材料、光子晶体、超磁性材料、超纳米晶格材料等，在医疗设备、航空航天、新型能源等众多应用领域有巨大潜力。

与常规材料相比，超材料主要有 3 个特征：一是具有新奇人工结构；二是具有超常规的物理性质；三是采用逆向设计思路，能"按需定制"。因此，将超材料特殊的结构特性与仿生学结合，将会产生性能更优异的新型材料。如将超材料设计思想应用于常规材料，可在显著提高材料综合性能的同时，大幅度减少稀缺元素用量，为提升传统材料产业提供了新的技术途径。例如，按生物材料刚柔耦合空间排布特性，将常规软磁与硬磁材料按特定的空间排布方式复合，普通碳钢与高硬度陶瓷或其他高硬度材料按特定的空间排布方式复合形成超结构材料，可在不使用钕、铬、镍等稀缺金属的情况下，显著提高磁性材料的磁吸能，同时很好地解决了耐磨钢的耐磨性与强韧性之间的矛盾。德国卡尔斯鲁厄理工学院的研究者利用聚合物热解过程中的体积收缩和质量损失效应，得到更小更强的碳结构，成功制备出了单层小于 $1\mu m$，直径约 200nm 的超强玻璃碳纳米晶格，这也是目前该类材料通过聚合物热解过程中约 80% 收缩能够获得的最小晶格结构，其强度高达 3GPa，接近玻璃碳的理论强度，如图 4-1 所示[1]，这种超晶格纳米结构材料的比强度是已报道的其他微晶格材料的 6 倍以上。

(a) 裂解前的整体结构   (b) 放大的单组元结构

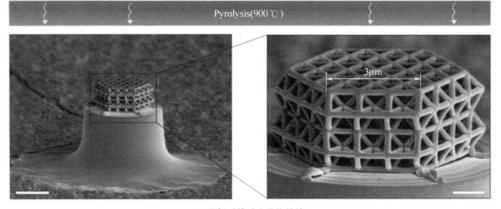

(c) 裂解后的纳米晶格结构

图 4-1 3D 打印超晶格纳米结构材料

超材料研究是一项意义深远的前沿课题，当代科学技术进步和经济发展越来越依赖于材料性能的提升。而常规材料的性能主要取决于材料的自然结构，包括原子结构、电子结构、分子结构、化学键结构、晶体结构、晶粒晶界结构等。随着材料科学和技术的进步，人们对这些结构的操控能力逐渐增强，材料的性能不断提高，越来越趋近于材料的自然极限。因此，探索突破常规功能材料自然极限的新途径已成为材料科学发展中迫在眉睫的问题。

近10年来，超材料研究之所以能引起全世界的高度关注，源自超材料所体现的材料设计思想的重大创新以及这一创新将产生的重大效益。从材料学的角度看，超材料的设计摒弃了基于自然结构的材料基因，而通过人工结构重构材料基因。将超材料作为结构单元，则可望简化影响材料的因素，进而打破制约自然材料功能的极限，发展出自然材料所无法获得的新型功能材料，这也为发展新型仿生功能材料提供了一种新的途径。因此，超材料的重要意义不仅仅体现在几类新奇的人工材料上，它更提供了一种全新的思维方法，并为新型功能材料的设计提供了一个广阔的空间，启示人们可以在不违背物理学基本规律的前提下，获得与自然材料具有迥然不同的超常物理性质的新物质。现今，对于超材料的研究已经取得了许多突破进展，如通过材料结构的创新设计，实现全新的物理现象，产生具有重大军用、民用价值的新技术、新材料，促进甚至引领新兴产业发展；利用超材料设计思想，提升传统材料性能，突破稀缺资源瓶颈，实现传统材料产业的技术升级和结构调整。电磁超材料的研发，在继利用半导体自由调控电子传输之后，首次具备了自由调控电磁波的能力，这对未来的新一代通信、光电子/微电子、先进制造产业以及隐身、探测、核磁、强磁场、太阳能及微波能利用等技术将产生深远的影响。"电磁黑洞"——电磁超材料的研发，能引导电磁波在壳层内螺旋式地行进，直至被有耗内核完全吸收，使基于引力场的黑洞很难在实验室里模拟和验证的难题迎刃而解。这一现象的发现，不仅将为太阳能利用技术增加新的途径，产生全新的光热太阳能电池，还能应用于红外热成像技术，大幅度提高红外信号探测能力，在飞机、导弹、舰船、卫星等方面获得广泛的应用。慢波结构材料是一种能使电磁波减速甚至停止的电磁超材料，不仅可应用于太阳能发电、高分辨红外热成像技术，还可应用于光缓存和深亚波长光波导，极大增强非线性效应，促进光电技术的发展。超材料透镜是一种可实现高定向性辐射的电磁超材料，可用于制造先进的透镜天线、新型龙伯透镜、小型化相控阵天线、超分辨率成像系统等。

目前，美国国防部专门启动了关于超材料的研究计划，美国最大的半导体公司英特尔、AMD和IBM等也成立了联合基金资助这方面的研究。欧盟组织了50多位相关领域最顶尖的科学家聚焦这一领域的研究，并给予高额的经费支持。日本现今虽在经济低迷之际，但仍出台了一项研究计划，支持多个关于超材料技术的研究技术。我国政府对超材料技术予以了高度关注，分别在863计划、973计划、国家自然科学基金等科技计划中予以立项支持。在电磁黑洞、超材料隐身技术介质基超材料以及声波负折射等基础研究方面，已取得原创性成果。例如，浙江大学在光波和超低频超材料领域取得了一系列有影响的成果，研发出了以慢波为基础而设计的具有超薄、宽吸收角度的完美吸波材料，拓宽了超材料在成像、隐身、磁共振成像和静磁场增强方面的应用。东南大学研究了均匀和非均匀超材料对电磁波的调控作用，提出了电磁黑洞和新型超材料隐身器件，研发出了雷达幻觉器件、远场超分辨率成像透镜、新型天线罩、极化转换器等新型超材料器件。清华大学研究介质基和本征型超材料，提出了将超材料与自然材料融合构造新型功能材料的思想，发展出了基于铁磁共振、极性晶格共振、稀土离子电磁偶极跃迁以及 Mie 谐振的超常电磁介质超材料。纽约州立大学的研究团队设计了一款可进行单个分子成像和癌细胞检测的透镜——超材料超透镜。这种超材料超透镜能将渐散的光波转化成能被标准设备收集传播的光线，继而突破散射的限制。例如，在现有医疗条件下，对卵巢或腺体肿瘤活体切片组织中的单个癌细胞的早期检测还难以实现，但是超材料超透镜的使用就能够打破这一困局。韩国延世大学的研究者开发出了弹性光学超材料，设计了可见光波长范围内宏观的（435mm）波束偏转器（293mm^2）和 Luneburg 透镜（855mm^2），如图 4-2 所示[2]，使得自然光直接与超材料装置相互作用，不再

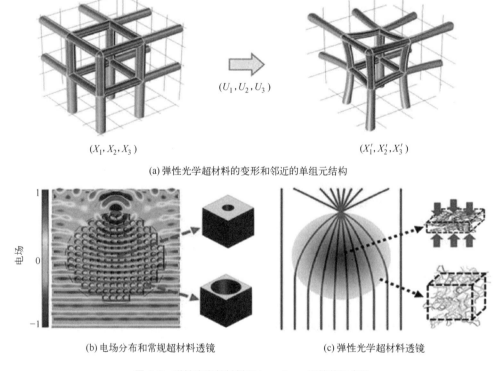

(X_1, X_2, X_3) (U_1, U_2, U_3) (X_1', X_2', X_3')

(a) 弹性光学超材料的变形和邻近的单组元结构

(b) 电场分布和常规超材料透镜   (c) 弹性光学超材料透镜

图 4-2　弹性光学超材料和 Luneburg 透镜的概念图

需要任何附加的耦合部件，宽带光可以在 $10^5\lambda \times 10^5\lambda \times 10^3\lambda$ 的体积内被控制和重新定向。哈尔滨工业大学的研究团队受生物组织卷曲、缠绕状的胶原纤维启发，将波浪状韧带引入手性结构中，并结合 4D 打印技术，设计制备了具有力学性能（非线性应力-应变行为、泊松比）可调节、可编程和可重构的拉胀力学超材料[3]。南京理工大学的研究团队以大青斑蝴蝶可以通过不同的结构尺寸有效地反射不同波长的可见光为灵感，将蝴蝶翅膀的螺旋微结构引入超材料的制作中，并结合增材制造和浸渍工艺的混合工艺成功制造了一种较低密度下具有优良各向同性力学性能和较大比刚度性能的仿生片-螺旋体结构的超材料，如图 4-3 所示[4]，该仿生超材料在 $2.3 \sim 40\ \text{GHz}$ 频率和 $0° \sim 45°$ 入射角范围内具有反射损耗 $\leqslant 10\ \text{dB}$ 的超宽带吸波性能。荷兰和以色列的研究人员提出了一套组合方案，用于设计非周期性的、稳定的机械超材料，并且这种超材料具有空间纹理的功能性，如图 4-4 所示[5]。他们通过 3D 打印，利用立方体堆积木的方式来实现这个方案，这些积木可以各向异性地变形，在保证变形积木在三维拼图和三维印刷中相互切合的前提下，局部叠加规则允许形状改

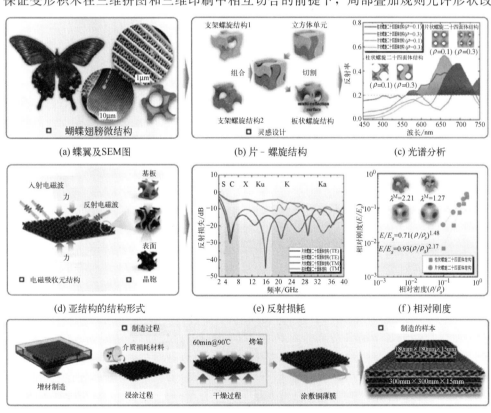

(a) 蝶翼及SEM图　　(b) 片-螺旋结构　　(c) 光谱分析

(d) 亚结构的结构形式　　(e) 反射损耗　　(f) 相对刚度

(g) EM吸收超结构的制造过程

图4-3　仿生片-螺旋体结构的设计与制造

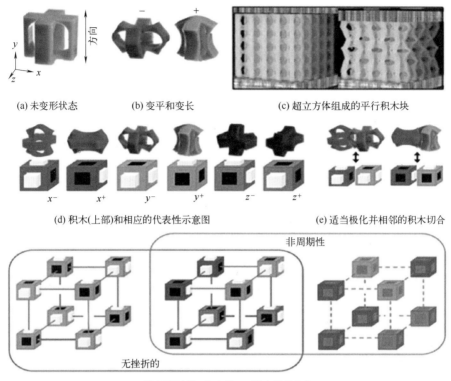

(a) 未变形状态　　　(b) 变平和变长　　　(c) 超立方体组成的平行积木块

x^-　　x^+　　y^-　　y^+　　z^-　　z^+

(d) 积木(上部)和相应的代表性示意图　　　　　(e) 适当极化并相邻的积木切合

非周期性

无挫折的

(f) 周期性的、复合的、不稳定的堆积体

图 4-4　机械超材料的体积元

变。这些非周期性的超材料表现出长程全息有序，二维表面的纹理表明内部三维结构的排列。同时，这种超材料对纹理表面压缩的机械响应还揭示了它们在执行传感和模式分析方面的能力。因此，组合设计开辟了一条设计机械超材料的新途径。

图 4-4 中，(c) 为由 5×5×5 超立方体组成的平行积木块（左侧）与在单轴压力作用下的集体变形（右侧）示意图，(d) 为积木（上部）和相应的代表性示意图（底部），颜色指示方向，黑色的凹痕和白色突起代表变形，(f) 为周期性的（左侧）、复合的（中间）、不稳定的（右侧）2×2×2 堆积体。对于不稳定的堆积体（右侧），不存在相应的一致结构（灰色）。

超材料与仿生学结合将有可能成为一种前途不可限量的新型材料，仿生学元素的融入，极大提升了超材料的设计方法与功能，但也有许多的难题有待克服，这也将成为仿生材料与超材料研究的主流方向，并很可能因技术的进一步突破取得颠覆性的成果。此外，仿生超材料的另一个发展目标是大规模的产业化，超材料技术目前还处于实验室到产品中试阶段，如果要进行更大规模的产业化，还需要研究大规模制造大体积超材料的方法。目前，实验室仅掌握在平面上制造超材料的工艺，具有三维空间的立体超材料还未实现。同时表面工艺也仅仅局限在很小的面积上，这距离大规模使用还有很长的距离，如何实现大规模地制造超材料是实现超材料广泛使用的重要前提。

4.2 仿生石墨烯材料

石墨烯是构成石墨、木炭、碳纳米管和富勒烯等碳同素异形体的基本单元材料，是一种二维晶体，其薄且坚硬，透光度好，导热性强，导电率高，结构稳定，电子迁移速度快，能在常温下观察到量子霍尔效应等，它的出现在科学界激起了巨大的波澜。石墨烯是世上最薄的材料，有 0.34nm 厚，十万层石墨烯叠加起来的厚度大概等于一根头发丝的直径；石墨烯是人类已知强度最高的物质，比钻石坚硬，强度是钢铁的百倍，每 100nm 距离上可承受的最大压力达到了 $2.9\mu N$ 左右，这意味着，"如果用石墨烯制成包装袋，那么它将能承受大约 2t 重的物品"；石墨烯电阻率极低，具有电子能量不会被损耗的特点，电子能够极为高效地迁移，迁移速率约为光速的 1/300，远远高出电子在硅、铜等传统半导体和导体中的速率；石墨烯材料几乎完全透光，透光率在 97% 以上，在透明电导电极方面有非常好的应用前景，也使太阳能产业的升级成为可能。最薄、最轻、最强、最硬、极佳的导电导热性能，让石墨烯获得了"新材料之王"的称号。

石墨烯独特的晶体结构赋予了其优异的力、电、光、热等性能，吸引全球科学家的研究兴趣。如何大尺度制备石墨烯的宏观构筑体，是目前材料、物理、力学等学科重要的热点研究之一，对于推动石墨烯微纳尺度优异特性在宏观大尺度利用和多功能化发展具有重要的意义。将石墨烯与仿生技术结合，开发新型仿生石墨烯复合材料，更是将石墨烯自身无与伦比的独特性能发挥到了极致，引发了科学界与产业界新一轮波澜。因此，仿生石墨烯复合材料成为近年来备受关注的研究课题，其研究和应用的热潮至今未衰。

目前，石墨烯的合成有两条路径。

① 大多数石墨烯的制备方法都是自上而下的，剥离石墨往往需要大量的溶剂以及高能混合、剪切、超声波和电化学处理。为了促进剥离，可将石墨烯进行化学氧化，变成氧化石墨烯，之后对其还原获得剥离的石墨烯。这一过程往往需要苛刻的氧化剂，并且通过这一方法获得的石墨烯往往具有缺陷。

② 自下而上合成石墨烯，比如采用化学气相沉积或先进的有机合成方法，这一方法合成的石墨烯质量高，缺陷少，但是产率低。目前，采用这些诸如机械剥离、液体剥离、外延生长、化学气相沉积、激光还原、刻蚀、焦耳热闪蒸等方法已经被开发，用来生产具有多种形状、不同尺寸的仿生石墨烯纤维、薄膜、三维材料等。

其中，针对仿生石墨烯纤维与薄膜材料的研究工作多集中在利用具有良好生物相容性与优异性能的生物质材料为基元，与石墨烯材料进行复合设计，强强优势组合。例如，中国科学技术大学俞书宏院士团队受贝壳珍珠层结构设计启发，通过将聚多巴胺（PDA）覆盖的氧化石墨烯组装到石墨烯基纤维中，再热解聚多巴胺，得到碳包覆的还原氧化石墨烯仿生纤维（RGO@C），如图 4-5 所示[6]，其拉伸强度与电导率分别提高到了 724 MPa 和 6.6×10^4 S/m，具有优越的力学性能和较高的电导率。北京大学联合研究团队受细胞膜和细胞壁复合结构的启发，设计了一种大面积原子级的薄纳米多孔石墨烯膜，该膜具有强层间黏附力纤维增强结构的支撑。与其他大规模石墨烯基膜相比，复合膜的断裂应力、断裂强度和拉伸刚度分别提高了 17 倍、67 倍和 94 倍，并且该膜具备重复的弯曲稳定性和优秀的湿透气性，这为大面积石墨烯膜的制备提供了一种简便的方法，并为其他二维薄膜在膜分离领

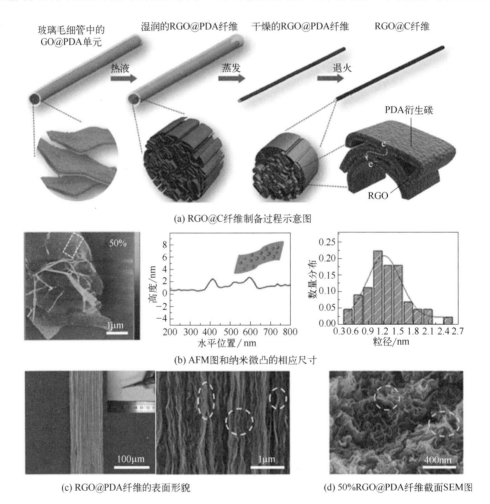

图 4-5　仿生石墨烯纤维制备

域的实际应用铺平了道路[7]。上海科技大学的研究者成功地开发了具有良好分散并且能够稳定存在的石墨烯/丝蛋白分散体系，并且成功地将此应用于制备多形态的材料，如薄膜、纤维及涂层，如图 4-6 和图 4-7 所示[8]。制备的石墨烯/丝蛋白复合体不仅保留了石墨烯的导电性，而且使材料具有从高可拉伸［断裂伸长率达（611±85）％］到高强度（断裂强度：339 MPa；模量：7.4 GPa）的可调控的力学性能。此外，该复合材料的电阻对材料形变、湿度和化学环境的改变都具有灵敏的响应能力，因此有望应用于可穿戴传感器、智能服装、人机交互等领域。

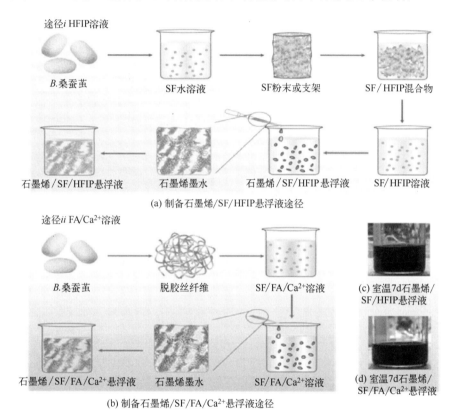

图 4-6　石墨烯/丝蛋白复合材料制备过程示意

对于三维石墨烯材料，独特的性能使其在能量存储和转换、电子器件以及环境工程领域具有广泛应用前景。但力学性能的不足和三维复杂结构的制备困难等关键问题限制了三维石墨烯材料的实际应用潜力。构建多级仿生结构在实现三维石墨烯材料力学性能的最大化方面极具潜力，但同时其制备方法也存在很大的挑战，这也成为三维石墨烯材料研究的难点，研究者们也在通过不同的方法努力推进石墨烯复合材料性能与三维宏量化制备的进程。例如，兰州大学的研究者基于生物多孔结构启发，设计石墨烯微观上片层组装界面热阻，控制微观骨架的传热路径，增强声子

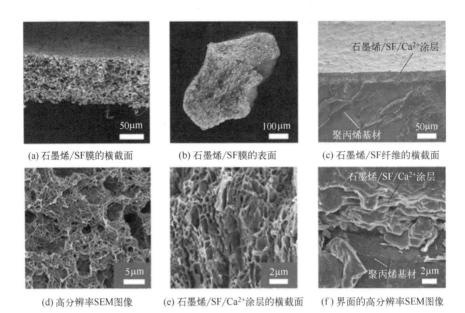

(a) 石墨烯/SF膜的横截面　　(b) 石墨烯/SF膜的表面　　(c) 石墨烯/SF纤维的横截面

(d) 高分辨率SEM图像　　(e) 石墨烯/SF/Ca²⁺涂层的横截面　　(f) 界面的高分辨率SEM图像

图 4-7　石墨烯/丝蛋白复合材料中纤维与石墨烯分布形式

界面定向散射，如图 4-8 所示[9]，实现了三维石墨烯超轻材料导热系数的可控调变，使其可广泛应用于柔性驱动器、大应变传感器、柔性电极材料、药物传输、超轻保温及防护、航空航天隔热屏蔽等领域。

(a) 仿生多孔石墨烯　　(b) 横断面形貌　　(c) 蜂窝结构的放大图

(d) π-π作用形成的蜂窝状单元　　(e) 纵向微观图　　(f) 微观结构图

图 4-8　密度为 10 mg/cm³ 的仿生多孔石墨烯材料微观结构

图 4-8 中，（d）为石墨烯片间 π-π 作用形成的蜂窝状单元，其孔的尺寸约为 35 μm，（e）为纵向微观图，（f）为微观结构图，壁间距为（30±5）μm。

江苏大学的研究者基于偃麦草多孔结构启发，采用 3D 打印与冰晶模板诱导组合技术制造出了具有极高弹性和刚度的超轻仿生多孔石墨烯材料，宏观中空结构和微观多孔蜂窝结构赋予仿生石墨烯材料极低的密度和在高达 95％的压缩应变下的超高弹性和稳定性，如图 4-9 所示[10]。

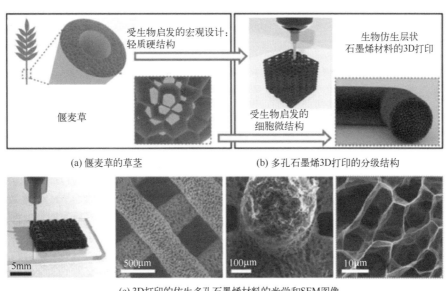

(a) 偃麦草的草茎   (b) 多孔石墨烯3D打印的分级结构

(c) 3D打印的仿生多孔石墨烯材料的光学和SEM图像

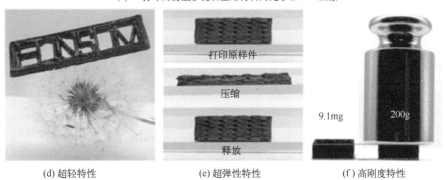

(d) 超轻特性   (e) 超弹性特性   (f) 高刚度特性

图 4-9 偃麦草和 3D 打印仿生多孔石墨烯材料

制备技术是石墨烯进入应用领域、实现产业化的瓶颈之一，尽管国内外科学家对石墨烯的研究越来越透彻，对其应用的探索成果也不断涌现，然而市面上却鲜有真正的石墨烯材料产品问世。在石墨烯制备方法的研究领域还面临较大挑战，主要在于如何高效、低耗制备大面积、杂质缺陷可控的高质量单晶石墨烯材料以及如何改进现有复合石墨烯工艺融合加工技术。值得一提的是，美国莱斯大学的研究者通过廉价的焦耳热闪蒸技术（flash Joule heating，FJH）可以将任何来源的碳，无论是石油焦炭、煤炭、炭黑、食品废弃物、橡胶轮胎还是塑料垃圾，统统在不到100ms的时间内变成石墨烯，并实现克级制备[11]。研究人员将焦耳热闪蒸技术获得的石墨烯命名为 flash graphene（FG，闪蒸石墨烯），层层堆叠的闪蒸石墨烯表现出涡轮层堆叠。FG的合成不使用熔炉，不需要溶剂、反应气体。产量取决于碳源的碳含量。当使用高碳含量碳源时，如炭黑、无烟煤或焦炭，FG产率在80%～90%之间，碳纯度大于99%，无需净化步骤。基于这一成果，石墨烯成本将大幅下降，并且激发研究人员将石墨烯与其他材料复合，有望推动石墨烯真正走向应用。

石墨烯初次被发现就被赋予了"神奇材料""材料之王"等诸多美誉，这个来自"象牙塔"的新材料所具有的单原子纳米结构赋予了它许多无与伦比的独特性能，是迄今发现的同等厚度下强度最高、结构最致密的材料，并拥有与众不同的电学、热学、光学、磁学等特性。利用石墨烯独特的二维晶体结构和优异的物理、化学特性，通过与其他材料复合，将会开发出新一代高性能的仿生复合材料，也是未来仿生材料研究的前沿热点。

4.3　类生命仿生活性材料

仿生学与生命科学、医学、药学等交叉渗透愈益深入，包含生命组件或具有完整生命的类生命体仿生活性材料在此基础上发展起来，进一步推动了更接近生物模本功能属性的仿生材料的发展，成为新一轮仿生材料的研究热点与前沿。基于人类与生物的感觉器官，人类开展各种有关视觉、听觉、嗅觉、味觉以及包括冷热、酸痛、振动和平衡等感觉方面的新颖的生物传感器和仿生感觉器官的研制。基于人与生物控制器官、自组织系统、神经元等，研制出仿生自动控制系统、仿生人（生物）机电一体化系统。基于人类与生物的器官与组织，制造出具有一定生命特征的仿生人造器官，如仿生人造心脏、肝、肾、眼睛、鼻、舌、皮肤、肌肉、血管、骨骼、关节、假肢等。这些具有一定生命活性的仿生制品，在选择性、适应性、灵活性、灵敏度、抗干扰性、微型化等方面，与目前各种同类传统制品相比较，存在着较大的优越性。例如，瑞士苏黎世大学的研究者将一种水凝胶和细菌混合，这种水凝胶既能保持细菌的活力，也能被3D打印成几乎任何形状，研究者使用活菌墨水材料3D打印出与真正人类皮肤一样具有活性的仿生皮肤，如图4-10所示[12]。美国哈佛大学的研究者将无生命的硅酮树脂和活的小鼠心肌细胞搭配结合，制造出能像心脏一样搏动的会游泳的"人造水母"模型，如图4-11所示[13]。"人造水母"仿生活性材料可帮助人们反推心脏执行任务时心肌的工作状态，同时，这项成果今后可用于测试心脏病药物，要看一种药物对心肌组织是否有效，可以先看看它在

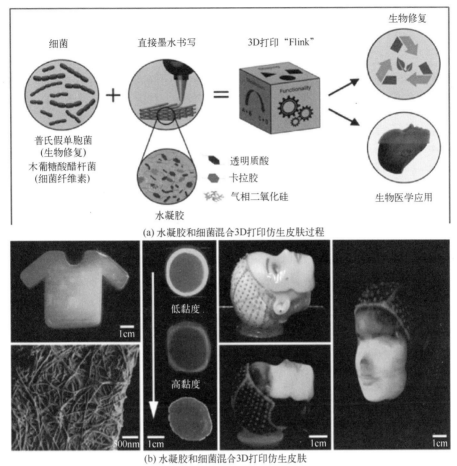

(a) 水凝胶和细菌混合3D打印仿生皮肤过程

(b) 水凝胶和细菌混合3D打印仿生皮肤

图4-10 仿生活性皮肤

"人造水母"材料中的功效。

　　美国生物学家吉尔伯特认为："用不了50年，人类将能用生物工程的方法培育出人体的所有器官"。现今，更多的包含生命组件或具有完整生命的类生命体仿生活性材料制品开始出现，如仿生人造细胞或器官[14]等被移植到人与动物的体内，代替发生病变或衰竭的器官，以延长人与动物的生命，这是材料仿生乃至整个医疗康复领域未来的重要发展方向之一。而3D打印技术更是助力了这一领域的飞速发展，实现了从生物分子到组织工程、从生物细胞到器官、从生物活性材料到类生命器件的跨越性发展。四川大学的研究者开发了数字近红外生物打印技术（DNP），通过连接有数控微镜装置（DMD）的3D生物打印平台，红外光被引向注射了单体、细胞和纳米光引发剂的皮下组织，从而实现皮下3D原位生物打印仿生活性组织，如图4-12所示[15]。研究人员采用小鼠作为模型，通过DNP在小鼠皮下无创

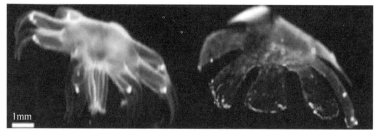

(a) 水母的形态

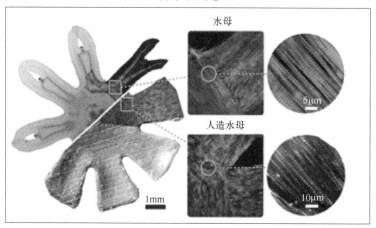

(b) 人造水母　　　　(c) 水母与人造水母的肌肉

图 4-11　水母与人造水母

打印了包含软骨细胞的耳廓形结构，该过程耗时仅 20 s。在一个月后，支架结构保持良好，并且软骨细胞不断成长，形成了可用于器官重构的耳廓结构。该方法可以获得各种原位仿生活性人体器官和组织工程支架，将大大推动仿生活性组织在临床上的应用。昆明理工大学研究团队开发了一种上转换纳米颗粒（UCNPs）辅助的 3D 生物打印方法，以实现无创手术的体内成型。合理设计的 UCNPs 将穿透皮肤组织的近红外（NIR）光子转化为蓝紫色发射，在体内诱导单体聚合固化过程。使用熔融沉积成型协调框架，NIR 激光的精确预定轨迹使得能够制造具有定制形状的可植入医疗设备。如图 4-13 所示[16]，定制的支架可以在小鼠体内非侵入性地打印，生物墨水注射在局部骨折部位用于骨折修复，这显示了该技术在临床或医学研究中进行无创手术修复的潜在应用。美国卡内基梅隆大学 Feinberg 教授团队提出了一种利用自由可逆嵌入悬浮水凝胶（FRESH）来对胶原蛋白进行 3D 生物打印的方法，这种方法能够在不同的尺度上直接获得具有精确控制组成和微观结构的人心脏组织成分，从毛细血管到整个器官，如图 4-14 所示[17]。

　　类生命仿生活性材料是近十年来仿生材料领域新兴的前沿研究方向，核心是将离体生命单元与传统材料在分子、细胞和组织尺度上进行深度有机融合，形成一种

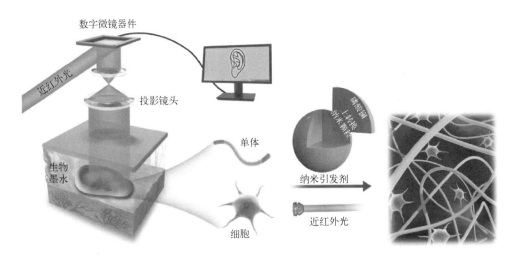

图 4-12　数字近红外生物 3D 生物打印平台示意图

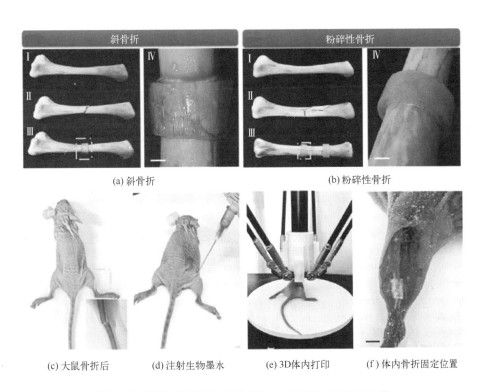

(a) 斜骨折　　　　　　　　　　　(b) 粉碎性骨折

(c) 大鼠骨折后　　(d) 注射生物墨水　　(e) 3D体内打印　　(f) 体内骨折固定位置

图 4-13　非侵入性 UCNPs 辅助 3D 生物打印技术用于骨折固定

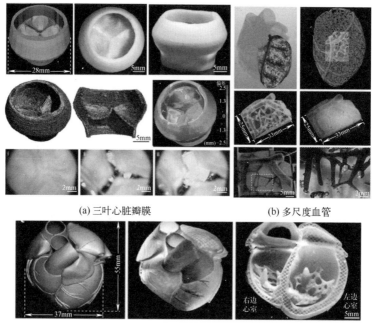

(a) 三叶心脏瓣膜   (b) 多尺度血管

(c) 新生儿规模的心脏

图 4-14   3D 生物打印人体组织器官

新型的基于生命功能单元的仿生材料系统，从而使仿生材料能够兼具生命系统活性优势。因此，在类生命仿生活性材料制造领域，机会与挑战并存，如何实现类生命活性单元的设计与培养、调控与活性保持，为自生长、自修复、自适应和自再生等提供基础保障，并实现仿生活性人工组织在体内外的长期功能化，是类生命仿生活性材料制造研究应用的瓶颈之一，也是这一领域发展中亟待解决的关键科学问题。

4.4 微型电池仿生材料

"万物感知、万物互联、万物智能"的智能世界正加速到来，数字技术正在重塑世界。尤其是近年来物联网（internet of things，IoT）技术的兴起已经使物联网模块进入了人们的日常生活中，如智能手表、音箱、电视、共享单车等。随着物联网的进一步发展，未来会出现更多样形态的模块。而智能尘（smart dust）就是其中一种十分重要的形态，它可以处理信息和数据并进行无线通信，从而帮助人们感知数字化的世界，进入更多新的应用场景。智能尘的概念是无线传感器网络（wireless sensor network）的自然延伸，最早由加利福尼亚大学伯克利分校的 Kris Pister 在二十一世纪初提出。"智能尘"，顾名思义，是一种把智能物联网模组做到微尘一样的技术。而"微尘"的意思，一是表示尺寸特别小，不到 1mm，厚度为几百微米；二是表示无处不在，用途十分广泛，从医学诊断、手术和脑部检测到跟踪蝴蝶和农作物状况，都有它们的身影。随着智能物联网时代的到来，智能尘在我们生活中也日益普及，如我们生活中常见的汽车遥控钥匙、微型机器人等，而上述智能感应设备都离不开更加出色的电池产品加持。

电池是迄今为止使用最多的储能器件，小到一个耳机，大到电动汽车，都可以由电池提供能量。其中，微电池是随着电子元件的小型化，特别是晶体管和集成电路的出现而发展起来的体积小、比能高、工作电压平稳、密封性好、自放电小、可靠性高的电池，然而，目前最小的电池面积约为 $2mm^2$，是智能尘芯片面积的几倍，且不足以持续驱动设备的复杂功能。因此，许多智能尘芯片依靠外部电源，如太阳能、光能等，但是，这些能量往往不是持续稳定的，比如在晚上或大雾天就不起作用。微型电池是未来的发展趋势，然而，由于加工方式的不同，制造微型设备的微电子技术和制造电池的电化学技术之间存在难以逾越的鸿沟。不同的加工方式导致了材料的不兼容性，很多高性能的电池材料都没法轻易地做到片上加工，需要从根本上重新设计结构与材料。

电池的基本形态是大家所熟知的三明治结构，虽然每层可以通过微纳加工准确地控制尺寸并沉积到片上的指定位置，但是厚度不能太厚，否则会引发裂纹和其他缺陷等问题。而电池的能量密度与活性电极材料的质量息息相关，这决定了电池的电荷存储能力以及其复杂高耗能的功能。例如，面积为 $2mm^2$，厚度为 $150\mu m$ 的薄膜电池可以为一个简单的温度传感器供电 2d，但是它无法提供一个小时的数据传输能力。

因此，除了电池结构的创新之外，微型电池的电极材料成为当今研究的热点与难点。如何通过微纳加工准确地将电极材料变成相应结构，如何将薄膜制作得尽可能薄，以辅助微折叠并增强电荷存储；对于片上加工，要么不适应高温，要么不能使用过于苛刻的化学合成，这都极大限制了电极材料的选用；对于电解液来说，挑战更大，液态电解液几乎不能在片上系统中使用。固态电解质是一种解决方案，但是其在宏观尺度上尚未被优化到最佳，转移到微纳尺度上，往往性能还会进一步损失等，这些均成为了这个领域的技术瓶颈，亟待突破[18]。归根结底，开发一个高性能、片上集成的微型电池不仅仅需要优化电极结构，还需要新颖的由器件需求出发又回到器件的材料设计。

针对微型电池发展的技术瓶颈，近年来，研究人员把自然界生物高效、低耗的电化学转化原理与材料结构等融入微型电池设计中，在微电池小型化与高能量一体化瓶颈的突破研究中初露曙光。华南师范大学的研究者模仿树叶叶脉网络的集流体设计，通过光刻将树叶叶脉网络成功复制，制备出基于树叶叶脉分形金属网络的透明导电电极，并且验证了其具有优异的光学性质和电荷传输能力。最后通过电化学沉积，在金属叶脉网络上生长聚吡咯作为电极活性材料，制备出了具有高容量和良好透光性的超级电容器。单电极在维持60%的透光度的同时，容量密度高达13 mF/cm²，如图4-15所示[19]。华东师范大学研究团队以草根状银膜为催化剂进行化学镀铜，形成铜/银复合结构，实现了膜结构高导电性、高附着力和高柔性的统一，所制造的铜/银集流体表现出低薄层电阻和高黏附性，并且制造研究了具有铜/银集流体的溶液衍生的无黏合剂的铁-铜氢氧化物电极，将电极用于组装的对称超级电容器，成功实现了高面积比电容，在弯曲状态下几乎没有变化，具有高能量和功率密度，以及良好的循环稳定性，如图4-16所示[20]。纤维素作为一种天然高分子材料，由于具有高的长径比、大的比表面积、丰富的孔隙率和较强的力学性能，是一种极具潜力的微型电极材料。许多研究着眼于将纤维素及其衍生物与导电材料（碳材料、导电聚合物和金属颗粒）复合，制备具有优异电化学性能的纤维素基仿生复合电极材料。例如，将新型碳材料（石墨烯和碳纳米管）引入到纤维素基质

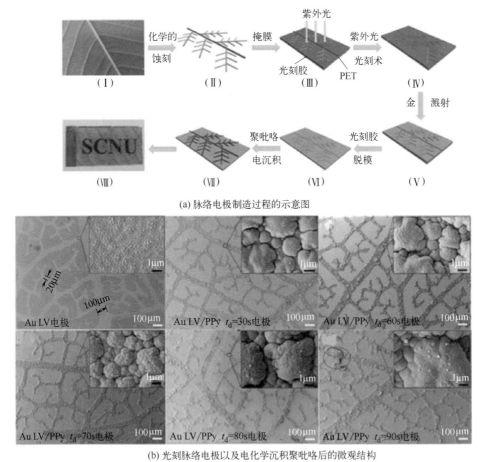

(a) 脉络电极制造过程的示意图

(b) 光刻脉络电极以及电化学沉积聚吡咯后的微观结构

图 4-15　仿树叶脉络电极材料制备

中，得到具有高导电性纤维素-碳二元复合电极材料，如图 4-17 所示[21]，是解决纤维素基电极材料导电性差的一种有效途径，但目前该类材料仍存在比电容相对较低的问题。为了解决上述问题，在此基础上，一些研究通过引入赝电容材料（如金属及其氧化物、导电聚合物），设计了兼备高比电容和良好力学性能的三元复合电极材料，如图 4-18 所示。金属氧化物的引入，使其比电容得到大幅度增加，且具有优异的循环稳定性。

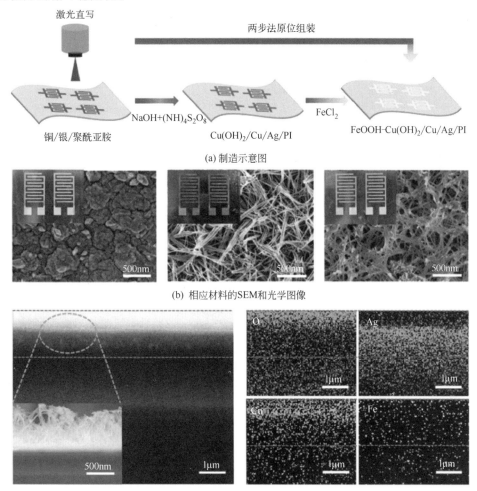

(a) 制造示意图

(b) 相应材料的SEM和光学图像

(c) FeOOH-Cu(OH)$_2$/Cu/Ag/PI电极的横截面SEM图像和EDS光谱

图 4-16　基于 Cu/Ag/PI 集流体的 FeOOH-Cu（OH）$_2$ 对称超级电容器的制造

近年来，经过研究人员的不懈努力，微型电池电极材料不仅实现了高电容量、高能量/功率密度和长期循环稳定性，而且还具有温度范围宽和热稳定性高等实用特性。即便如此，这些复合电极材料在未来微型超级电池的应用中仍存在一些困难与挑战。鉴于此，寻找高效的微型电池电极材料依旧任重而道远。

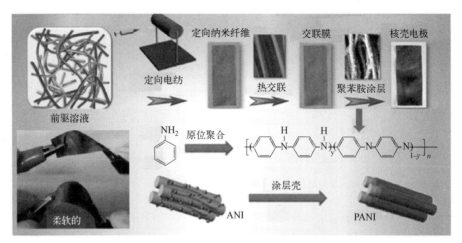

(a) 纤维素-碳二元复合电极材料合成过程及机理

(b) 防水性能和热稳定性能测试　　　　(c) SEM图和力学强度测试

图 4-17　纤维素-碳二元复合电极材料

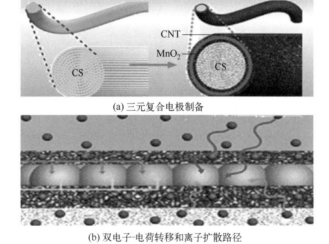

(a) 三元复合电极制备

(b) 双电子-电荷转移和离子扩散路径

图 4-18　三元复合电极材料

4.5 仿生类脑材料

许多新兴技术都需要创建类似于大脑组织的生物材料，如脑机界面中的神经探针、神经系统疾病的微生理模型、神经组织工程支架、脑类器官和脑代理（用于研究颅脑外伤同时减少对动物测试的需求）、植入物与周围脑组织之间的机械匹配、脑组织对化学信号和体外疗法的反应、脑细胞分化/增殖等都需要模仿脑组织的物理特性才能成功应用。脑是人体的指挥与控制中心，而脑组织则是指挥与控制的重要材料载体。大脑是一个各向异性且非常柔软的复杂组织，也是人体最柔软的器官之一，因此，制造类似于脑组织低刚度的功能性生物材料近年来一直是科学界的挑战和热点方向。

大脑的独特结构使它以多孔弹性材料的形式做出机械反应，从而可以在受压的情况下从脑基质中排出脑脊液。不管在整个组织中排列元素的刚度如何，这种反应都会导致大脑表观的松软。在显微测量中，大脑也非常柔软，脑实质包含很少的纤维状胶原蛋白，包含大量不同的蛋白聚糖，它们是与水结合的高度糖基化蛋白质，这使得大脑中的水含量相对较高，占总质量的 73%～85%。另一方面，髓磷脂充当绝缘体材料，主要由脂质组成，脂质约占大脑干重的 60%。由于神经组织的髓磷脂含量随组织的僵硬程度成比例增加，差异化的髓鞘形成有助于大脑和脊髓组织的机械异质性。

到目前为止，虽然还没有十分类似脑组织复杂特性的仿生材料被开发，但是有一些潜在候选材料或辅助脑组织检测的软性器件的研发，已取得了阶段性进展，对脑功能的研究具有至关重要的作用。例如，采用可注射水凝胶作为胶质母细胞瘤切除后的治疗材料，同时，这些可注射材料提供了以持续释放方式递送药物的可能性。即使尚未将它们的黏弹性与人体的黏弹性进行直接比较，这些材料的可注射性还是有希望的，可用来取代目前在临床上用于填充脑组织术后腔的坚硬材料。在脑类器官材料的应用中，最广泛使用的支架材料是 Matrigel 基质胶。在脑机界面材料中，聚（3,4-乙烯二氧噻吩）（PEDOT）与聚苯乙烯磺酸盐（PEDOT：PSS）是使用最广泛的导电聚合物，该材料可以在数月内保持稳定，并通过增加离子-电子转导的有效面积来降低阻抗，当用作脑机界面的神经探针的涂层时，这种生物材料在改善记录和刺激方面无与伦比。PEDOT：PSS 有助于降低暴露于大脑的僵硬度，但其仍然比大脑物质硬几个数量级，刚度的不匹配性迫切推动人们对大脑软功能材料的研发。

最近，一些较软的材料已被用来制造脑组织等顺应性神经探针，例如热塑性塑料（如聚碳酸酯）或弹性体（如聚二甲基硅氧烷），但这些材料的弹性模量（1 MPa～10 GPa）仍然超过神经组织的弹性模量（1～10 kPa）3～6 个数量级。而水凝胶由于与生物组织的化学机械性质很相似，因此十分适合作为生物和人工合成系统之间的接口。水凝胶通常被用作由硬质材料组成的神经探针的外部涂层，用来替代脑组织材料或测试器件。虽然这些探针植入后的生物相容性相比以前有了很大提高，但仍有一些挑战有待解决。首先，引入水凝胶涂层会显著增加探针的整体尺寸，其次，这些水凝胶涂层装置的综合力学性能（如弯曲刚度）仍然由构成探针的刚性材料主导。这种力学性能不适配会对组织-探针之间的相互作用产生不利影响。麻省理工学院的团队创造性地将微尺度的聚合物纤维紧密集成在软水凝胶基质中，将纤维拉伸工艺与水凝胶的强韧黏接技术相结合，开发出了一种顺应性良好的多功能复合探针，可用于长期神经传感和神经活动驱动。通过热拉伸制造单个功能纤维，其中包括由聚碳酸酯（PC）芯和环烯烃共聚物（COC）包层组成的微型光纤、封装在聚醚酰亚胺（PEI）绝缘包层中包含 7 条锡（Sn）微线的微电极阵列以及用于微流体通道的 PEI 管，随后，将功能性聚合物纤维整合到柔性水凝胶基质中。聚酰亚胺导向装置用于将纤维对齐到一个组件中，该组件在中心包含 1 个波导 [（105.9 ± 8.0）μm 直径]、3 个微电极阵列 [（80.0 ± 1.8）μm 直径]，7 个孔 [（4.75 ± 2.22）μm 直径] 和 3 个微流体通道 [（54.0 ± 2.1）μm 内径和（115.4 ± 3.0）μm 外径] 交替同心排列。在初始对齐之后，功能纤维被连接到光学套圈、电针连接器和流体管，然后通过一步法聚合将水凝胶集成到纤维上。为了实现与周围脑组织的良好力学和化学相互作用，同时保证组装功能纤维的牢固整合，采用聚丙烯酰胺-海藻酸钙（PAAm-Alg）水凝胶作为混合探针的水凝胶基质，该材料具有柔软性、生物相容性、生理环境中的稳定性，并且可以与功能聚合物纤维形成强韧粘接（230 J·m^{-2}），如图 4-19 所示[22]。华南理工大学研究者设计了一种复合水凝胶，类似于双网络水凝胶，它是通过将两种刚性多糖——海藻酸钠（SA）和果胶结合到柔性聚丙烯酰胺网络中来合成的，其通过化学键交联的柔性聚丙烯酰胺网络保持水凝胶的形状和弹性。同时，通过 Ca^{2+} 和氢键交联的刚性多糖（SA 和果胶）不仅赋予应变速率依赖性行为，而且有助于应变硬化行为，类似于脑组织中的细胞外基质（ECM）。此外，他们对典型的复合水凝胶和猪脑组织进行了不同应变率和不同外界环境下的力学试验，并利用本构模型分析了其应力-应变曲线。利用拟合得到的结构参数分析了复杂环境对复合水凝胶和脑组织力学行为的影响。结果表明，这种复合水凝胶可以很好地模拟复杂环境中脑组织的非线性力学响应，使其成为模型试验，手术训练和其他应用的优秀脑组织模拟材料，如图 4-20 所示[23]。

目前，制造新的类脑仿生生物材料，从而再现大脑的机械、物理和扩散特性，还必须解决几个关键的不足，以便能够创建有用且可靠的类似于脑组织的生物材料。首先，需要在生理条件下，从体积到纳米尺度在各个尺度上绘制大脑的黏弹性模量、极限韧性、拉伸强度、多孔黏弹性响应、能量耗散、黏附力和溶质扩散系数。这些研究将使下一代生物材料的开发具有像大脑的一系列广泛物理特性。在这

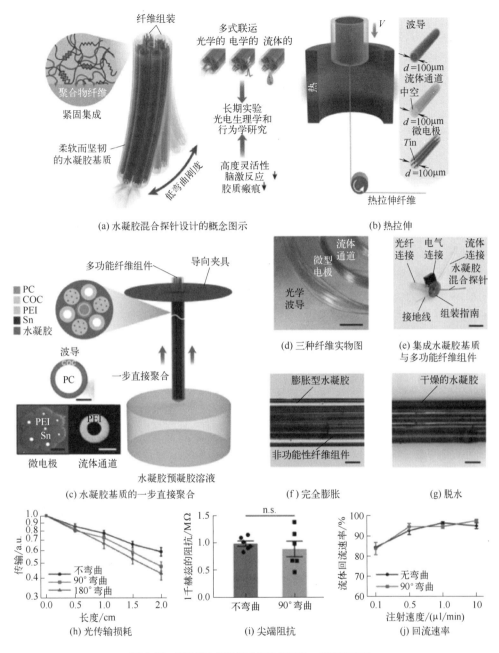

(a) 水凝胶混合探针设计的概念图示

(b) 热拉伸

(c) 水凝胶基质的一步直接聚合

(d) 三种纤维实物图

(e) 集成水凝胶基质与多功能纤维组件

(f) 完全膨胀

(g) 脱水

(h) 光传输损耗

(i) 尖端阻抗

(j) 回流速率

图 4-19 多功能水凝胶复合探针的设计、制造和表征

图 (h)～(j) 中的数值表示均值和标准偏差

方面，至关重要的是，大脑生物力学界必须加强协作以执行循环测试并设计标准化协议。另外，需要设计植入物的降解研究以模拟大脑的特定生理状况。虽然，这些挑战固然很难解决，但通过材料科学家、机械工程师、生物学家和临床科学家等多

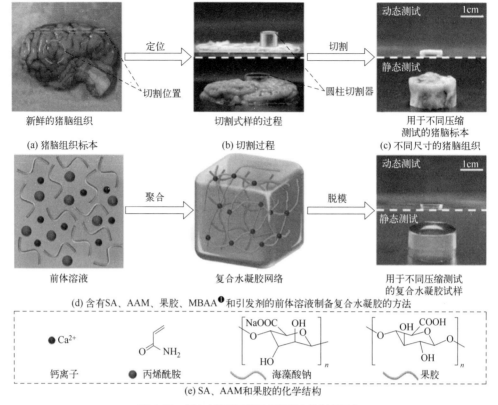

(a) 猪脑组织标本   (b) 切割过程   (c) 不同尺寸的猪脑组织

(d) 含有SA、AAM、果胶、MBAA❶和引发剂的前体溶液制备复合水凝胶的方法

(e) SA、AAM和果胶的化学结构

图 4-20 复合水凝胶及猪脑组织标本的制备工艺

个领域紧密跨学科结合，是攻克这些挑战的有力途径。

4.6 仿生柔性传感材料

目前，许多智能化的检测设备已经大量地采用了各种各样的传感器，其应用早已渗透到诸如工业生产、海洋探测、环境保护、医学诊断、生物工程、宇宙开发、智能家居等方方面面。随着信息时代的应用需求越来越高，对被测量信息的范围、精度和稳定情况等各性能参数的期望值和理想化要求逐步提高。针对特殊环境与特殊信号下的光、电、热、磁、气、力、湿度、振动、pH 值等的测量需求，对传感器材料与器件的设计提出了新的挑战。随着人机交互、运动健康监控等领域的快速发展，相关产品对传感器提出了更高的要求，迫切需要具有柔韧、可弯曲、可拉伸、可回复特性的弹性传感材料与技术，以满足人体穿戴舒适性的需求。随着柔性基质材料的发展，满足上述各类趋势特点的仿生柔性传感器在此基础上应运而生。

---

❶ MBAA 为 N，N′-亚甲基双丙烯酰胺。

柔性传感器则是指采用柔性材料制成的传感器，具有良好的柔韧性、延展性，甚至可自由弯曲甚至折叠，而且结构形式灵活多样，可根据测量条件的要求任意布置，能够非常方便地对复杂被测量进行检测。新型柔性传感器在电子皮肤、医疗保健、电子、电工、运动器材、纺织品、航天航空、环境监测等领域受到广泛应用。

柔性传感器种类较多，包括柔性触觉压力传感器、柔性气体传感器、柔性湿度传感器、柔性温度传感器、柔性应变传感器、柔性磁阻抗传感器和柔性热流量传感器等。为了满足柔性电子器件的要求，轻薄、透明、柔软和拉伸性好、绝缘耐腐蚀等性质成为了柔性材料基底的关键指标。在众多柔性基底的选择中，聚二甲基硅氧烷（PDMS）成为了研究者们的首选，它的优势包括方便易得、化学性质稳定、透明和热稳定性好等，尤其在紫外光下黏附区和非黏附区分明的特性使其表面可以很容易地黏附电子材料。通常，有两种策略来实现可穿戴传感器的拉伸性，其一是在柔性基底上直接键合低杨氏模量的薄导电材料；其二是使用本身可拉伸的导体组装器件，由导电物质混合到弹性基体中制备。柔性可穿戴电子传感器还常用碳材料，包括碳纳米管和石墨烯等，其中，碳纳米管具有结晶度高、导电性好、比表面积大、微孔大小可通过合成工艺加以控制，比表面利用率可达100%的特点；石墨烯具有轻薄透明，导电导热性好等特点。

以触觉传感为例，人类手掌皮肤下层遍布着被称为机械感受器（mechanoreceptors）的触觉感受器，这些触觉感受器为我们提供了触觉。当我们触摸物体时，给予我们持续的触觉反馈，以及手的关节和运动信息（又称为本体感受，proprioception），使我们能够胜任对物体的触碰、抚摸、抓取、挤捏等各种行为。人类手指尖内部机械感受器的数目高达240个/cm^2，整只手内存在着超过17000个感受器。而现代机械手落后了2到3个数量级，且分布式处理的层次数量也需要极大的改进。迄今为止，在现代机器人身上复制机械感受器和皮肤的所有细微特征仍然是一项艰巨的任务。与人类的触觉系统结构相比，人造触觉传感器材料与系统虽然仍处于萌芽阶段，但也取得了实质性进展。现阶段的力学传感器，在测量手的抓握行为时，会使得手指触觉上产生偏差，因此导致手指抓握力测量上产生较大的偏差。将传感器放在指尖，这些传感器会干扰手指、影响手指施加的力，导致无法精确再现自然触觉，因此，在不损失任何触摸感觉的情况下监测手指触摸过程是最大的挑战。传统的传感器，乃至超薄传感器都会不同程度地降低触觉，使得测量结果产生偏差，不能真实反应手指的触觉。为了保证传感器不会影响手指上的触觉，因此，传感器材料轻薄柔软的特性是成败的关键。日本东京大学的研究团队基于电纺纳米纤维，开发出了超级灵敏的电容式纳米网络压力柔性传感器，电容器整体结构分为四层，分别为嵌入纳米网络的聚氨酯钝化层、顶部金纳米网络电极层、涂有聚对二甲苯涂层的聚氨酯纳米网络中间层，底部金纳米网络电极层，其可以准确地监测手指压力，并且不会对人产生感官影响[24]。同时传统的皮肤电子器件制作在弹性薄膜上，很难适应潮湿的皮肤微环境，会遇到弹性薄膜是不可渗透的，阻挡了皮肤排汗，或者很难黏附在潮湿的皮肤上等问题。对于经常会处于排汗和湿润性接触时的人体皮肤进行检测是比较困难的，因此提升传感系统在此类环境的性能日益急迫。香港理工大学的研究团队开发了一种湿适应电子皮肤（WADE 皮肤），同时提供皮肤样的拉伸性，湿黏附性，渗透性，生物相容性和防水性能。WADE 皮肤是基于透气和透湿的多层纤维毡制成的，这些纤维毡与液态金属电极图案垂直无缝堆叠。它由紧贴皮肤的纤维黏合剂层、紧贴空气的防水纤维层和可拉伸的液态金属电极层组成，该电极层根据目标电子功能位于黏合剂层下方或上方。这种 WADE 皮肤在接触几秒钟后就能迅速黏附在人体皮肤上，即使在潮湿甚至水下的条件下也显示出优秀的黏附强度，如图 4-21 所示[25]。该团队还展示了一种基于 WADE 皮肤的可

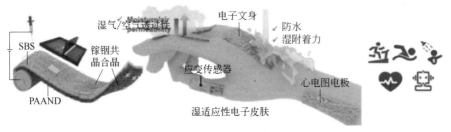

(a) WADE 皮肤的制造和应用场景的示意图

(b) 大量出汗和长期覆盖期间附接到人类皮肤的 WADE 皮肤和常规电子皮肤

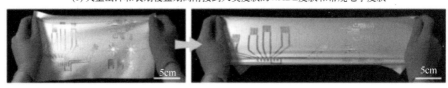

(c) WADE 皮肤的拉伸性的数字图像

(d) SEM 图像　　(e) 人手掌背面　　(f) 薄 PDMS 膜上的 WADE 皮肤的横截面图像

图 4-21 湿适应电子皮肤（WADE 皮肤）的设计和表征

拉伸心电图设备，该设备在运动和长期附着超过一周的过程中显示出稳定的设备性能，并且不会对人体皮肤有过多的损害和干扰。

在自然界中，有许多生物生活在黑暗、狭窄、浑浊等极端环境中，但它们可以了解自己的环境，并使用触觉来识别和捕获猎物。人类可以模仿它们的环境感知适应策略，以解决类似极端条件下的信息检测问题。这些生物有许多共性特点，都使用结构相似的传感器来感知环境，即有明显的柔性触杆或突起，例如鱼类的侧生线以及鳍足类和啮齿类动物的柔性毛须，它们可以通过柔性感测探针杆的应变来接收外部流体信号或碰撞信号。王中林院士团队通过模仿动物使用基于毛发传感器探索环境的方式，设计了可弯曲的仿生柔性毛须机械感受器（biomimetic whisker mechanoreceptor，BWMR）用于机器人触觉传感。由于摩擦纳米发电机技术的优势，BWMR 无需电源即可将外部机械刺激转换为电信号，这有利于其在机器人中的广泛应用。在毛须的初始垂直状态下，两个电极上的电位相等。当毛须在外力作用下向右摆动时，毛须的根部将在杠杆效应的作用下移向左侧电极，从而打破两个电极之间的电位平衡并带动正电荷从右电极到左电极。产生的正信号可以通过静电计电路获取。当毛须向左偏转时，左电极上的正电荷将回流，产生负电信号。BWMR 的工作模式是通过有限元模拟确定的。毛须的偏转方向和幅度可以分别从所转移电荷的符号和大小获得。微弱的信号通过毛须的杠杆作用放大，并被 BWMR 的毛囊感知，对外部刺激表现出超高的灵敏度，低至 $1.129\ \mu N$，该传感器的分辨率还可以通过增加毛须长度来进一步改善。如果将 BWMR 排列在机器人上，则电信号可以通过电荷收集电路获取，并由微程序控制单元（MCU）处理，以实现机器人的全面环境检测。同时，检测到的信号还可以通过 Wi-Fi 传输到中枢大脑，从而可以统一调度机器人集群，并通过分析采集到的数据来实现机器人之间的协调与协作，如图 4-22 所示[26]。

柔性传感器结构形式灵活多样，可根据测量条件的要求任意布置，能够非常方便地对特殊环境与特殊信号进行精确快捷测量，解决了传感器的小型化、集成化、智能化发展问题，这些新型柔性传感器在电子皮肤、生物医药、可穿戴电子产品和航空航天中有重要作用。但目前对于碳纳米管和石墨烯等用于柔性传感器的材料制备技术工艺水平还不成熟，也存在成本、适用范围、使用寿命等问题。常用柔性基底存在不耐高温的缺点，导致柔性基底与薄膜材料间应力大、黏附力弱。因此，面对越来越多的特殊信号和特殊环境，新型柔性传感器技术已向以下趋势发展：开发新材料、新工艺和开发新型传感器，实现集成化和智能化；实现传感技术硬件系统与元器件的微小型化，同时，还能够具有透明、柔韧、延展、可自由弯曲甚至折叠、便于携带、可穿戴等特点。

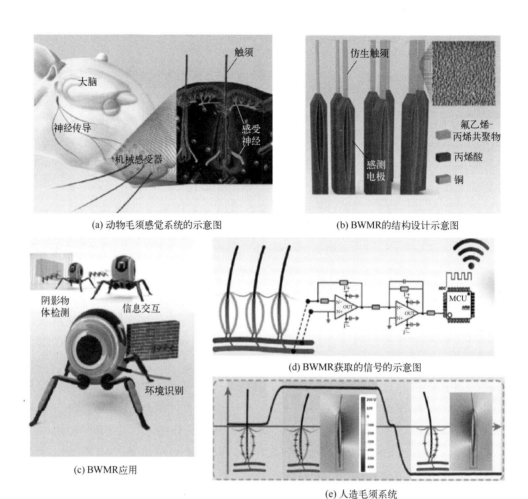

（a）动物毛须感觉系统的示意图

（b）BWMR的结构设计示意图

（c）BWMR应用

（d）BWMR获取的信号的示意图

（e）人造毛须系统

图 4-22 仿生毛须机械感受器的仿生概念、应用和原理

参考文献

［1］ Bauer J，Schroer A，Schwaiger R，et al. Approaching theoretical strength in glassy carbon nanolattices ［J］. Nature Materials，2016，15（4）：438-443.

［2］ Shin D，Kim J，Kim C，et al. Scalable variable-index elasto-optic metamaterials for macroscopic optical components and devices ［J］. Nature Communications，2017，8（1）：16090.

［3］ Xin X，Liu L，Liu Y，et al. 4D printing auxetic metamaterials with tunable，programmable，and reconfigurable mechanical properties ［J］. Advanced Functional Materials，2020，30（43）：2004226.

［4］ An Q，Li D，Liao W，et al. A novel ultra-wideband electromagnetic-wave-absorbing metastructure inspired by bionic gyroid structures [J]. Advanced Materials, 2023, 35 (26): 2300659.

[5]　Coulais C, Teomy E, De Reus K, et al. Combinatorial design of textured mechanical meta-materials [J]. Nature, 2016, 535 (7613): 529-532.

[6]　Yu S, Wu L, Yu Z, et al. A bioinspired interface design for improving the strength and e-lectrical conductivity of graphene-based fibers [J]. Advanced Materials, 2018, 30 (15): 1706435.

[7]　Zhang D, Jia Z, Zhang S, et al. Bioinspired large-area atomically-thin graphene membranes [J]. Advanced Functional Materials, 2023, 34 (3): 2307419.

[8]　Ling S, Wang Q, Zhang D, et al. Integration of stiff graphene and tough silk for the design and fabrication of versatile electronic materials [J]. Advanced Functional Materials, 2017, 28 (9): 1705291.

[9]　Zhang Q, Hao M, Xu X, et al. Flyweight 3D graphene scaffolds with microinterface barri-er-derived tunable thermal insulation and flame retardancy [J]. ACS Applied Materials & Interfaces, 2017, 9 (16): 14232-14241.

[10]　Peng M, Wen Z, Xie L, et al. 3D printing of ultralight biomimetic hierarchical graphene materials with exceptional stiffness and resilience [J]. Advanced Materials, 2019, 31 (35): 1902930.

[11]　Luong D X, Bets K V, Algozeeb W A, et al. Gram-scale bottom-up flash graphene syn-thesis [J]. Nature, 2020, 577 (7792): 647-651.

[12]　Schaffner M, Rühs P A, Coulter F, et al. 3D printing of bacteria into functional complex materials [J]. Science Advances, 2017, 3 (12): eaao6804.

[13]　Nawroth J C, Lee H, Feinberg A W, et al. A tissue-engineered jellyfish with biomimetic propulsion [J]. Nature Biotechnology, 2012; 30 (8): 792-797.

[14]　Bertassoni L E, Cecconi M, Manoharan V, et al. Hydrogel bioprinted microchannel net-works for vascularization of tissue engineering constructs [J]. Lab on a Chip, 2014, 14 (13): 2202-2211.

[15]　Chen Y, Zhang J, Liu X, et al. Noninvasive in vivo 3D bioprinting [J]. Science Ad-vances, 2020, 6 (23): 7406.

[16]　Zhang P, Teng Z, Zhou M, et al. Upconversion 3D bioprinting for noninvasive in vivo molding [J]. Advanced Materials, 2024, 36 (14): 2310617.

[17]　Lee A, Hudson R A, Shiwarski D J, et al. 3D bioprinting of collagen to rebuild compo-nents of the human heart [J]. Science, 2019, 365 (6452): 482-487.

[18]　Zhu M, Oliver G. Schmidt. Tiny robots and sensors need tiny batteries — here's how to do it [J]. Nature, 2021, 589 (7841): 195-197.

[19]　Chen S, Shi B, He W, et al. Quasifractal networks as current collectors for transparent flexible supercapacitors [J]. Advanced Functional Materials, 2019, 29 (48): 1906618.

[20]　Zhang Q, Zou J, Ai J, et al. In situ construction of the Fe - Cu hydroxide interlocking

structure with solution-derived Cu/Ag current collectors for flexible symmetric supercapacitors [J]. ACS Applied Materials & Interfaces, 2023, 15 (47): 55055-55064.

[21] Sun Z, Qu K, You Y, et al. Overview of cellulose-based flexible materials for supercapacitors [J]. Journal of Materials Chemistry A, 2021, 9 (12): 7278-7300.

[22] Park S, Yuk H, Zhao R, et al. Adaptive and multifunctional hydrogel hybrid probes for long-term sensing and modulation of neural activity [J]. Nature Communications, 2021, 12 (1): 3435.

[23] Wang J, Zhang Y, Lei Z, et al. Hydrogels with brain tissue-like mechanical properties in complex environments [J]. Materials & Design, 2023, 234: 112338.

[24] Lee S, Franklin S, Hassani F A, et al. Nanomesh pressure sensor for monitoring finger manipulation without sensory interference [J]. Science, 2020, 370 (6519): 966-970.

[25] Chen F, Zhuang Q, Ding Y, et al. Wet-adaptive electronic skin [J]. Advanced Materials, 2023, 35 (49): 2305630.

[26] An J, Chen P, Wang Z, et al. Biomimetic hairy whiskers for robotic skin tactility [J]. Advanced Materials, 2021, 33 (24): 2101891.

第 **5** 章

仿生复合材料

人类社会的进步以材料的发展为基础，功能单一的传统材料已远远不能满足工程的需求，新型复合材料的研发逐渐成为材料仿生领域的重要研究内容之一。现代高科技的发展离不开仿生复合材料，其研究深度和应用广度及其生产发展速度和扩展规模，已成为衡量一个国家科学技术先进水平的重要标准之一。先进复合材料是当代先进材料的重要组成部分，更是未来航空航天、国防军工和尖端科学的先导和保障材料。本章主要介绍仿生复合材料设计原则与不同类型材料的研究进展及应用。

5.1 仿生复合材料设计原则

仿生复合材料是模仿生物、生活、生境模本材料复合原理，采用两种或两种以上物理或化学性质不同的材料经过复合工艺而制备的多相材料，这种复合在性能上互相取长补短，既可以保持原材料的功能属性，又可以产生协同效应，使仿生复合材料产生新的性能，且优于原组成材料，从而满足各种不同的要求。仿生复合材料对现代科学技术的发展，有着十分重要的作用，其研究深度、应用广度、生产发展的速度和规模，已成为衡量一个国家科学技术先进水平的重要标志之一。

5.1.1 复合相设计

仿生复合材料由两部分组成，通常有一相为连续相，称为基体，另一相为分散相，称为增强相或复合相，复合相以独立的形态分布在整个连续相中，两相之间存在着相界面，仿生复合材料的性能取决于基体与复合相的比例及界面的属性。仿生复合材料按照基体材料的成分，可分为仿生高分子基复合材料、仿生金属基复合材料与仿生无机非金属基复合材料。复合相的种类多种多样，最常使用的包括纤维、颗粒、晶须、粉体、石墨烯、碳纳米管、纳米线、纳米片、黏土、编织物、细胞、蛋白质、生物组织、生物质等。

在仿生复合材料中，有两个与性能息息相关的可设计因素，其中之一是复合相，复合相的种类、结构、尺寸、分布、含量等直接影响材料的最终性能，对于复合相的设计，一直是仿生复合材料研究的关键。仿生复合材料在设计过程中，预期设定最终要实现的功能目标，然后依据基体材料所具有的常规材料特性与自身功能特性，进行复合相的匹配与选择，复合相或能进一步强化基体某一性能，或能降低基体某一功能缺陷，或能实现多种功能的协同提升，最终实现复合材料整体综合性能超越基体或复合相的性能。

例如，贝壳珍珠层由于层状堆砌的砖泥结构，具有极高的强度和良好的韧性，已成为制备轻质、高强、超韧等仿生复合材料的结构模型。近年来，受珍珠层独特的多级层状组装结构启发，国内外学者采用纤维、石墨烯、黏土、纳米线等作为复合相，通过调控复合相属性，制备出一系列具有优异性能的仿生层状复合材料。例如，研究者将纳米纤维素作为复合相，模仿贝壳的"泥"材料，将蒙脱土、MXene（过渡金属碳化物、氮化物、碳氮化物等）、滑石粉、石墨烯作为基体材料，模仿贝壳的"砖块"材料，制备出了质量轻、强度高的仿生层状复合材料。复合相纳米纤维素通过物理吸附在"砖块"表面形成涂层，既可以稳定这些无机材料的分散，还通过表面的氢键相互作用显著提高了复合材料的强度，当材料受到应力破坏时，这些氢键被破坏，缠绕的纤维素链段被拉伸，可以吸收大量的能量，这类材料的弹性模量高达 20GPa，韧性可以达到 4 MJ/m^3。如果加入第三种组分，如聚合物或者石墨烯，可以降低"砖块"之间的摩擦系数，有利于界面应力的传导，制备的三元纳米纤维素/黏土/聚乙烯醇仿生层状复合材料，弹性模量为 23GPa，同时，还展现出了良好的隔热、电磁屏蔽和阻燃性能，如图 5-1 所示[1]。中国科学技术大学的研究者模仿贝壳结构，采用天然云母粉为原料通过插层和超声破碎获得高质量超薄云母纳米片，然后利用喷涂技术将云母纳米片与壳聚糖混合溶液组装获得的仿生层状云母复合膜材料，如图 5-2 所示[2]，经过对复合相组分和结构优化后，当云母含量达到 60% 时显示出优异的机械强度（拉伸应力约 260 MPa，杨氏模量 16.2GPa）、良好的可见光透过率（38%～65%），以及独特的紫外屏蔽性（62%～100%）。同时，经受 144h 紫外照射后，拉伸性能几乎不变，具有优异的抗紫外老化性能，在柔性透明电子器件等领域具有广阔的应用前景。中国科学技术大学的研究者还利用氧化石墨烯（GO）为复合相，将其与天然细菌产物 γ-聚谷氨酸（PGA）和 Ca^{2+} 复合，制备由贝壳珍珠质启发的仿生层状复合膜材料，如图 5-3 所示[3]，其拉伸强度表现出高极限应力 [（150±51.9）MPa] 和出色的杨氏模量 [（21.4±8.7）GPa]，相对于纯 GO 薄膜分别增加了 120% 和 70%。南加州大学的研究者利用石墨烯纳米片为复合相，采用电场辅助的 3D 打印技术，将石墨烯纳米片在光固化树脂里面排列，制备出了仿贝壳层状复合材料，如图 5-4 所示[4]，达到与天然贝壳相类似的韧性和强度，同时具有较低的密度。浙江大学的研究者根据海螺壳从纳米到宏观尺度的交叉层状结构，以氧化铝纳米片为复合相，利用冰模版法成功制备了一种仿生复合陶瓷，如图 5-5 所示[5]，复合材料的抗折强度为 165 MPa，断裂功为 8.2 kJ/m^2，分别是海螺壳的 2.5 倍和 2 倍。

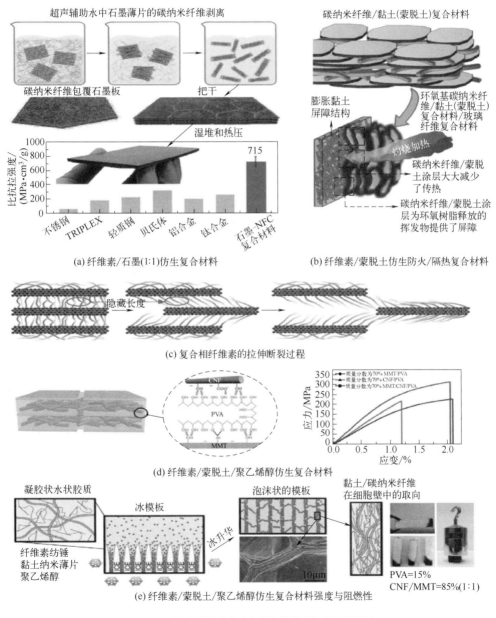

(a) 纤维素/石墨(1:1)仿生复合材料

(b) 纤维素/蒙脱土仿生防火/隔热复合材料

(c) 复合相纤维素的拉伸断裂过程

(d) 纤维素/蒙脱土/聚乙烯醇仿生复合材料

(e) 纤维素/蒙脱土/聚乙烯醇仿生复合材料强度与阻燃性

图 5-1 纳米纤维素为复合相制备的仿生复合层状材料

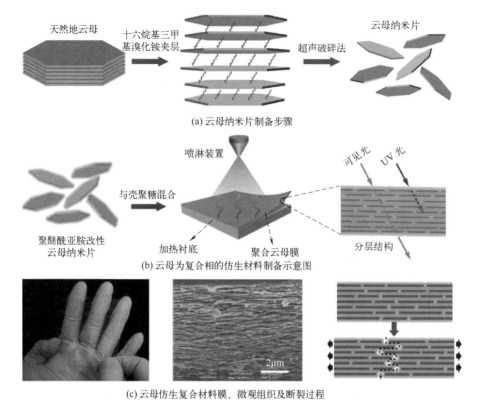

(a) 云母纳米片制备步骤

(b) 云母为复合相的仿生材料制备示意图

(c) 云母仿生复合材料膜、微观组织及断裂过程

图 5-2 云母纳米片为复合相制备的仿生层状复合材料

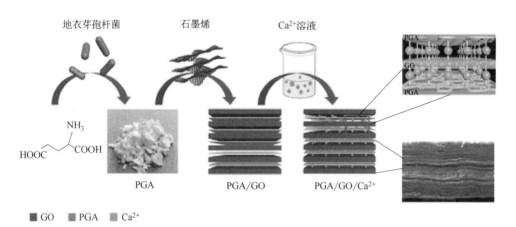

■ GO ■ PGA ■ Ca^{2+}

图 5-3 氧化石墨烯为复合相的仿生层状复合材料制备示意

5.1.2 复合界面设计

在仿生复合材料中,另一个可设计的因素是基体相与复合相的界面,也就是基

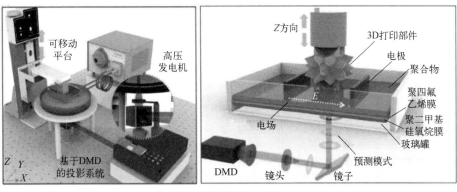

(a) 电场辅助3D打印制备仿生贝壳结构示意图

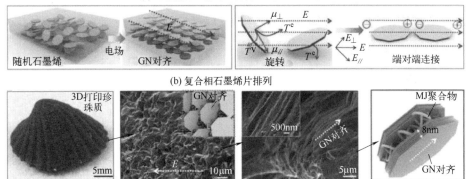

(b) 复合相石墨烯片排列

(c) 3D打印仿生层状复合材料结构

图 5-4   石墨烯为复合相 3D 打印仿生复合层状材料

体与复合相的相容性，两种或多种物质复合在一起，界面问题永远是个挑战。仿生复合材料中基体与复合相接触构成的界面，是一层具有一定厚度、结构随基体和复合相而异、与基体和复合相有明显差别的新相，即界面层，它是基体与复合相连接的纽带，也是应力和其他信息传递的桥梁。界面是仿生复合材料极为重要的微结构，其结构与性能直接影响复合材料的性能。对于界面，可以是基体与复合相在制备过程中的反应产物层，可以是两者之间的扩散结合层或过渡层，可以是由于基体与复合相之间物性参数不同形成的残余应力层，可以是人为引入用于控制复合材料界面性能的涂层，也可以是基体与复合相之间的间隙等。

界面是仿生复合材料必须关注的设计因素，具有传递效应、阻断效应、散射或吸收效应、诱导效应等，这些效应既与界面结合状态、形态和物理化学性质有关，也与界面两侧的组分材料的属性相关。界面效应是基体与复合相不具有的特性，它对复合材料的性能至关重要，因此，界面性能是关乎仿生复合材料能否具有使用价值和推广应用的一个极其重要的条件，也是研究者在仿生复合材料设计时极为重视的问题。基体与复合相的界面不仅影响复合材料的整体功能，还会影响复合材料的

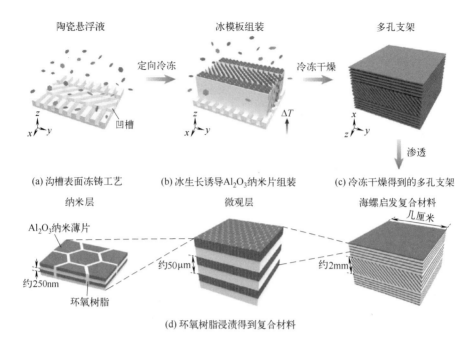

陶瓷悬浮液　　　　　　　　冰模板组装　　　　　　　　多孔支架

定向冷冻 → 冷冻干燥 →

凹槽

渗透

(a) 沟槽表面冻铸工艺　　　(b) 冰生长诱导Al₂O₃纳米片组装　　　(c) 冷冻干燥得到的多孔支架

纳米层　　　　　　　　微观层　　　　　　　海螺启发复合材料

Al₂O₃纳米薄片　　　　　　　　　　　　　　　几厘米

约50μm　　　　　　　　约2mm

约250nm

环氧树脂

(d) 环氧树脂浸渍得到复合材料

图 5-5　氧化铝纳米片为复合相冷冻铸造仿生复合层状材料

空间结构特性，因此，如何构造界面性能可调的多级结构复合材料一直是仿生复合材料合成中的一个关注热点。

例如，北京航空航天大学的研究者在制备具有多级结构的轻质高强仿生复合材料界面调控方面做了大量的工作，通过提高层状纳米片层之间的界面相互作用，制备出二元协同增强的层状仿生复合材料，并在此基础上设计了一种全新的三元协同界面增强仿生复合材料，实现了强度和韧性的同步大幅提高，同时，在材料内部引入金属离子对界面作进一步增强，获得了多种高强高韧新型仿生复合材料。研究者还采用层状双金属氢氧化物纳米片（LDH）与聚乙烯醇（PVA）水溶液混合制成浆液，通过单向冷冻法，利用冰晶的生长使 LDH 纳米片发生自组装，经过冷冻干燥后形成具有贝壳"砖-泥"结构的微米级层板，之后通过外加压力将层板压实，最终形成具有类似"层合板"结构的仿生复合材料，如图 5-6 所示[6]。通过在 LDH-PVA 浆液中加入交联剂以及后续控制层压时的外加压力，有效地调控多级结构中不同界面的界面强度，从而达到调控复合材料力学性能的目的。南昌大学的研究团队受坚硬的脊椎骨骼结晶和柔性结构启发，通过仿生晶界和结构设计，在氧化铟锡透明电极和钙钛矿层之间引入了一种导电黏性聚合物界面层，印刷制备大面积柔性钙钛矿太阳能电池，如图 5-7 所示[7]。该团队设计仿生界面层从而精确调控结晶与成核过程，并起到界面黏结剂作用，使基于 1.01 cm² 和 36.00 cm² 有效面积的柔性钙钛矿太阳能电池功率转换效率分别达到了 19.87% 和 17.55%。电池经过

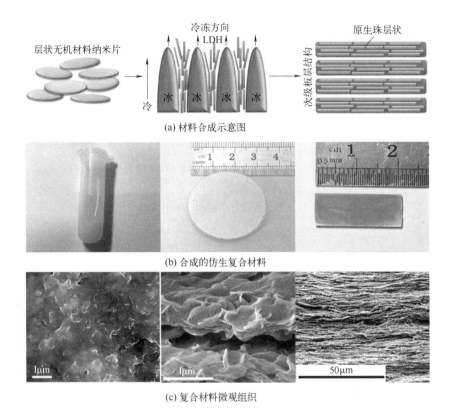

(a) 材料合成示意图

(b) 合成的仿生复合材料

(c) 复合材料微观组织

图 5-6 仿生复合材料合成与微观组织

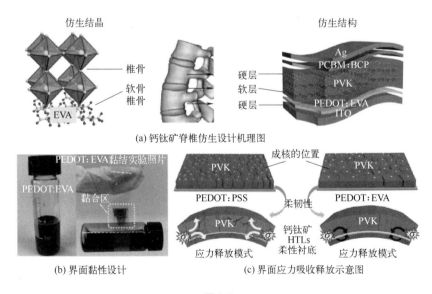

(a) 钙钛矿脊椎仿生设计机理图

(b) 界面黏性设计

(c) 界面应力吸收释放示意图

图 5-7

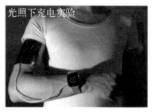

（d）刮涂钙钛矿器件示意图   （e）柔性钙钛矿拼装可装戴模组示意图

图 5-7　脊椎仿生机理示意图及柔性钙钛矿实物图

7000 次极限弯折半径循环处理后，仍能保持初始效率的 85% 以上，并克服大角度弯折难题。

复合是自然界材料合成的基本规律，受自然复合材料的启发，国内外在仿生复合材料领域已展开了深入研究，并取得了一系列重要研究成果。目前，仿生复合材料正不断向着开发更高比强度、比模量的高性能方向发展，不断向着功能与智能一体化复合方向发展，同时，更加注重纳米尺度复合相的应用，从而进一步提升材料的综合性能。

5.2　仿生高分子基复合材料

高分子材料（塑料、橡胶、纤维、凝胶、有机物等）因其质轻、高强度、耐高温、耐腐蚀等优异性能，而被广泛应用于高端制造、电子信息、交通运输、建筑节能、航空航天、国防军工等诸多领域。高分子材料既是国民经济的重要基础性产业，也是一个国家的先导性产业，既属于石化行业内的战略性新兴产业，也是电子信息、航空航天、国防军工、新能源等战略性新兴产业的重要配套材料，不仅自身技术含量高、附加值高，而且是石化产业转型升级的重要方向。近年来，仿生高分子复合材料凭借其对材料基体性能的优化与提升，在各个领域都发挥了巨大的作用，成为了材料未来的可持续发展的重要方向。可以说，人类正在步入仿生复合高分子材料时代。

仿生高分子基复合材料是指模仿生物、生活、生境模本功能原理，以高分子材料（树脂、橡胶、纤维、凝胶、有机物、生物质等）为基体，与其他不同组成、不同形状、不同性质的物质复合而成的多相材料。仿生高分子基复合材料可分为结构材料与功能材料，其中，结构材料主要用其力学性能，因此，其复合准则是选用提升力学性能的材料为复合相。功能材料主要用其光学、电学、磁学、热学、生物相容性等性能，其复合准则是选用具有提升相应功能属性的材料为复合相。在复合相的选择上，或是强强组合、优势互补，或是取长补短、择善而从。近年来，对于仿生高分子基复合材料的研究工作，多集中在仿生纤维类复合材料、仿生树脂类复合材料、仿生凝胶类复合材料、仿生生物质基复合材料及功能性复合膜材料等方面。其中，仿生凝胶类复合材料由于其良好的生物相容性、功能性及工艺简便、可降解等，成为仿生高分子基复合材料中的研究热点，在人工肌肉、电子皮肤、生物骨、生物支架、药物缓释、柔性机器人、芯片、可穿戴智能器件、传感器、驱动器、生物膜等领域取得了众多成果。

例如，南方科技大学的研究者以水凝胶为基体，将其与各种水不溶性紫外光固化聚合物［包括弹性体、刚性聚合物、丙烯腈丁二烯苯乙烯（ABS）类似聚合物、形状记忆聚合物以及其他基于甲基丙烯酸酯的紫外线固化聚合物］复合，制备出多种仿生凝胶基复合材料[8]，如将水凝胶与弹性体复合制备具有对角对称的 Kelvin 结构（由 6 个正四边形和 8 个正六边形组成的十四面体结构）仿生复合材料，由于在高度可变形的水凝胶基体和弹性体复合相之间的界面处形成了牢固的共价键，因此，将复合材料压缩 50%，也不会在复合材料中出现任何断裂现象，如图 5-8 所示。将水凝胶与具有马蹄形结构的刚性聚合物复合制备出了弯月面仿生复合材料，材料刚度提高了约 30 倍，并且具有相当好的拉伸性，如图 5-9 所示。将水凝胶与形状记忆聚合物复合制备出既可以变形支撑狭窄血管，又可以药物缓释的复合材料，如图 5-10 所示。西安交通大学的研究者利用干湿法静电纺丝技术制备取向导电纳米纤维束，并将其编织成类似天然心肌组织的交错排列网状结构，然后将其与水凝胶复合制备出三维仿生复合材料支架，如图 5-11 所示[9]，用于工程化三维心

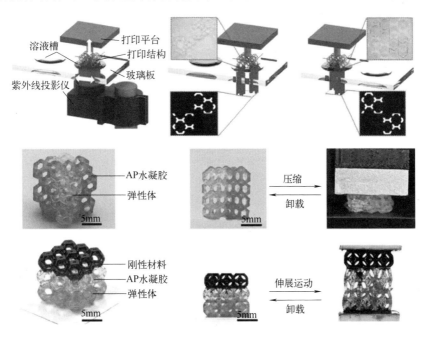

图 5-8　水凝胶/弹性聚合物复合材料

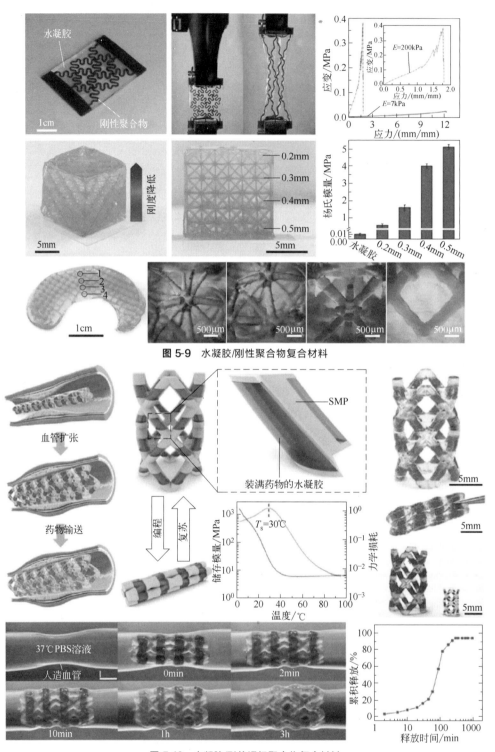

图 5-9　水凝胶/刚性聚合物复合材料

图 5-10　水凝胶/形状记忆聚合物复合材料

肌组织的构建，在心肌组织的修复和再生具有应用潜力和广阔前景。哈佛大学研究者将 PDMS 纤维嵌入到更柔软、可拉伸性更高的聚丙烯酰胺基水凝胶基体材料中，通过稀疏的共价键将两者交联在一起合成复合材料，复合材料的韧性高达 4136 J/m^2，而且材料循环 30000 次后裂纹不再继续扩展[10]，表现出优异的抗疲劳性，为高性能凝胶复合材料的开发打开了一扇大门。浙江大学的研究者利用两种体系的水凝胶材料复合，制备出了带有螺旋形流道、分叉流道、蛇形流道、多层互通流道等的复合水凝胶微流控芯片和血管芯片[11]。中国科学院和北京协和医学院的研究者结合双网络策略和 nHap 复合材料，制备了模拟骨细胞外基质的甲基丙烯酸明胶（GelMA）/甲基丙烯酸透明质酸（HAMA）/纳米羟基磷灰石（nHap）复合水凝胶，如图 5-12 所示。复合水凝胶的压缩弹性模量显著增强，断裂强度接近 1MPa，复合水凝胶保持了 88％以上的高含水率，与 BMSCS 具有良好的相容性，具有作为骨缺损治疗的注射水凝胶的潜力[12]。

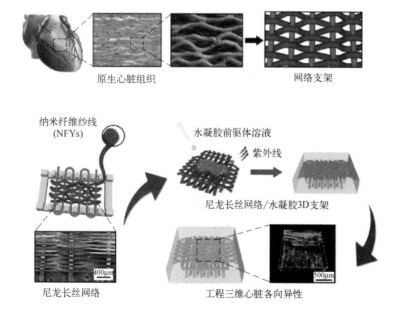

图 5-11 水凝胶/导电纳米纤维束复合材料支架

此外，由于航空、航天、汽车、交通等领域对轻量化的要求刻不容缓，国内外的大趋势是利用高性能高分子基复合材料代替部分金属材料，而仿生技术是提升传统高分子材料性能的最佳手段，因此，各种基于生物材料启发的仿生高分子基复合材料应运而生，如采用高强度纤维、石墨烯、碳纳米管、陶瓷颗粒等增强仿生高分子基复合材料取得卓越进展，被称为后塑料时代以塑代钢的超性能新材料。

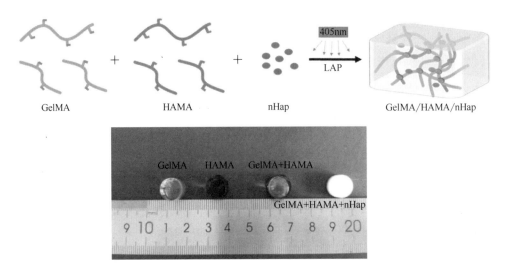

GelMA   HAMA   nHap   GelMA/HAMA/nHap

图 5-12 水凝胶/纳米羟基磷灰石复合材料

5.3 仿生金属基复合材料

仿生金属基复合材料是以金属或合金为基体的仿生复合材料，具有高比强度、高比模量、耐磨、耐热、导电、导热、不吸潮、抗辐射、低膨胀系数等优良性能，并作为先进的复合材料将逐步取代部分传统金属或金属基复合材料而应用于航天、航空、汽车、电子、能源等领域，以满足特殊工况对材料比强度、比刚度、比模量、耐高温等性能的需求。

由于金属基体的合成温度远远高于高分子基体材料，所以，许多在高分子基体中选用的复合相，由于受温度限制而无法用在金属基体中。在仿生高分子基复合材料设计中，基体与复合相的比例参数相对宽泛，而对于仿生金属基复合材料在基体与复合相的设计中，在选择基体时，还要考虑复合相的类型，对于连续纤维增强的金属基复合材料，如果纤维的模量和强度远高于基体，是主要的承载物体，那么这类金属基复合材料中，基体的主要作用是充分发挥复合纤维的性能，因此，并不要求基体本身具有较高的强度。在选用非连续纤维或颗粒增强为复合相时，金属基体的强度对复合材料的性能有决定性影响，因此，应选用高强度的金属基体。此外，因为金属基复合材料的制备多为高温烧结或熔融制备，在选择金属基体与复合相时，还要考虑二者的相容性及复合相的烧损性，基体与复合相在高温复合过程中会发生不同程度的界面反应，因此，如何控制好这种界面效应也是仿生设计的关键。

传统的仿生金属基复合材料多采用石墨纤维、金刚石纤维、石墨烯、碳纳米管、碳化物颗粒、陶瓷颗粒作等为复合相进行增强，复合材料的结构相对简单，复合相的取向性和空间分布可设计性差，多为层状结构、梯度结构或随机分布等。而随着制备合成技术的发展，如冰模版法、3D打印、磁控溅射等技术的出现，自然界生物许多精妙的、具有良好性能的复杂结构在金属基复合材料中得到了复现，展现出了优异的功能特性。

例如，瑞士苏黎世大学的研究者开发出一种称为磁场辅助注浆成型（MASC）的工艺，可以模仿牙齿、贝壳等材料特性与复合结构，制造具有高硬度的多层复合材料。研究人员选择石膏作为模具，然后将氧化铝悬浮液注入模具中，悬浮液中的液体被模具中的孔逐渐吸收，使得材料由外到内形成坚硬的固体。在注浆过程中，通过外加一个磁场来辅助形成均匀的层状结构，从而使片层的方向改变。当材料为液态时，陶瓷片层与磁场方向一致，但是，当材料固化后，这些小片仍然保持原来的方向，如图5-13所示[13]。这种新颖的制造工艺得到的复合材料具有与牙釉质相似的强度，可以用来制造不同类型的、结构具有一定取向的仿生多层复合材料，如陶瓷/聚合物、陶瓷/金属、陶瓷/陶瓷等，如图5-14所示。上海交通大学的研究团队受自然生物材料启发，设计制备了具有仿贝壳珍珠层"微纳砖砌结构"的石墨烯/铜基复合材料，如图5-15所示[14]，与未增强的铜基体相比，具有仿贝壳纳米叠层结构和改进界面结合的体积分数为2.5%的石墨烯增强铜基复合材料的屈服强度和弹性模量分别提高了约177%和25%，并保持铜的延展性和导电性。韩国科学技术院的研究者基于生物矿化沉积原理，使用化学气相沉积在铜、镍金属沉积衬底上生长出单层石墨烯，然后再沉积上金属单层，通过重复这些步骤，制备出了石墨烯

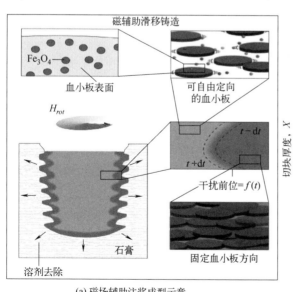

(a) 磁场辅助注浆成型示意　　(b) 陶瓷片的分布取向

图 5-13　磁场辅助注浆成型过程

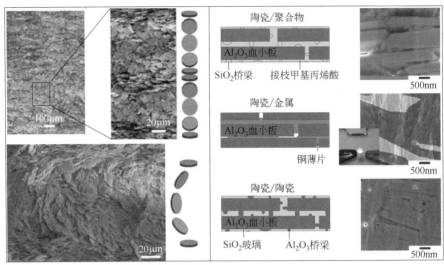

(a) 氧化铝片的取向分布　　　　　　(b) 不同成分配比的仿生复合材料

图 5-14　磁场辅助注浆成型不同类型仿生复合材料

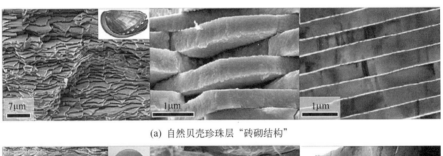

(a) 自然贝壳珍珠层"砖砌结构"

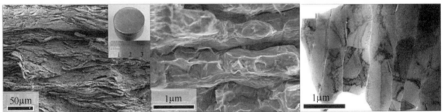

(b) 仿贝壳珍珠层结构石墨烯/铜基复合材料

图 5-15　仿生层状石墨烯/铜基复合材料

与铜、镍形成的金属基仿生层状复合材料, 如图 5-16 所示[15]。晶面间距为 70nm 的铜/石墨烯多层材料, 拉伸强度是纯铜的 500 倍; 晶面间距为 100 nm 的镍/石墨烯多层材料, 拉伸强度是纯镍的 180 倍。

　　人类与动物的骨骼由有机胶原蛋白与纳米级无机羟基磷灰石晶体复合构成, 受到损伤时, 可以自生长、自修复与自愈合等。上海交通大学的研究者模仿骨骼自生长原理, 采用原位自生技术, 让铝合金里"长"出陶瓷。铝和陶瓷是工程中最常用

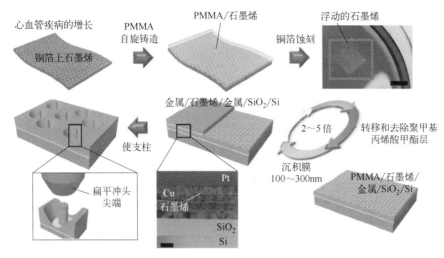

图 5-16　铜/石墨烯复合材料制备过程示意

的两种材料，陶瓷坚硬但很脆，铝柔韧但很软，如何使制作的材料兼具两者优点？国际传统方法是先把陶瓷制成颗粒或纤维，然后用搅拌铸造或粉末冶金的方法混入铝合金中，获得铝基复合材料，这能提高材料的强度和刚度，但会出现加工成型困难、强度及塑性差和性能不稳定等问题。研究者采用原位自生技术，通过熔体控制自生，让纳米陶瓷颗粒从铝熔体中自生长，形成超强纳米陶瓷铝合金复合材料，突破了外加陶瓷铝基复合材料塑性低、加工难等应用瓶颈。这种新材料的强度和刚度甚至超过了"太空金属"钛合金，或将带动航空、汽车、高铁领域步入更轻、更节能的新材料时代。同时，这种纳米陶瓷铝合金复合材料具有更大的减重潜力，而且工艺性好、成本低，有望成为下一代航空新材料。

由于比强度和比刚度较低，金属在工程材料中所占的份额日益减少，在质量作为主要考虑因素的应用领域（如航空、航天、汽车等），金属逐步被其他材料所替代。但金属在很多工业领域，尤其是高可靠性和高持久性要求的应用领域仍是不可替代的材料，因此，亟需开发性能更高的金属材料。采用多尺度、多级结构及仿生多级组装等方式将是优化金属整体性能的一个重要途径[16]。随着装备技术的升级换代和转型为金属材料研发带来了前所未有的挑战和机会，仿生设计是金属及金属基复合材料迎接这种挑战最好的途径。

5.4　仿生无机非金属基复合材料

无机非金属材料是以某些元素的氧化物、碳化物、氮化物、卤素化合物、硼化物以及硅酸盐、铝酸盐、磷酸盐、硼酸盐等物质组成的材料，是除高分子材料和金属材料以外的所有材料的统称。仿生无机非金属基复合材料是指以无机非金属材料（常用的包括陶瓷、水泥、玻璃、碳纤维、石墨烯、碳纳米管、气凝胶、铁氧体、氧化铝、石灰石、黏土、部分绝缘体与半导体等）为基体构筑的仿生复合材料，其具有耐高温、耐腐蚀、高强度、多功能等多种优越的性能，近年来已在空间、光电子、激光、红外等技术领域发挥了重要作用。

传统的仿生无机非金属基复合材料的研究主要集中在陶瓷基、玻璃基、水泥基等方面，其中，仿生陶瓷基复合材料，尽管基体具有比金属更高的熔点和硬度，化学性质非常稳定，耐热性与抗老化性好，但是其脆性大、韧性差，因此大大限制了陶瓷作为承载结构材料的应用。基于上述原因，这种复合材料在选择复合相时，多以颗粒、晶须、纤维等具有韧性特征的材料为主，以改善基体的韧性。由于受到温度与制备工艺条件的限制，所能制备的仿生结构也相对简单，复合相多以层状分布、连续分布、随机分布等为主。对于仿生玻璃基复合材料，由于基体是一种非晶态固体，可以通过调节化学成分来调整基体性能，使其与复合相产生更好的相容性，复合相的选择多以纤维类、晶须类为主，主要用于强化基体的强度与韧性。在仿生水泥基复合材料中，基体主要包括水泥、石膏、黏土等，其材料中多含有颗粒状物料且为多孔体系，其孔隙尺寸在十分之几纳米到数十纳米左右，孔隙的存在不仅会影响基体本身的性能，也会影响基体与复合相的界面结合。因此，为了增加界面结合强度，水泥基复合材料中，复合相多以连续纤维类与短纤维类为主。由于水泥基体材料的断裂延伸率较低，因此，复合相的选择以及仿生结构的设计，多以提高基体的断裂延伸率为主。

仿生无机非金属基复合材料的晶体结构远比金属复杂，并且没有自由的电子，具有比金属键和纯共价键更强的离子键和混合键。这种化学键所特有的高键能，使这类仿生复合材料具有高熔点、高硬度、耐腐蚀、耐磨损、高强度和良好的抗氧化性，以及优异的导电性、隔热性、透光性、铁电性、铁磁性和压电性等，而且采用仿生理念构筑出无机非金属复合材料更是强强组合了这些优异性能，使其在建筑、国防、电子、医疗、机械领域的应用越来越广泛。特别是一些新型仿生无机非金属复合材料的开发和应用，如石墨烯、超硬陶瓷、气凝胶、超导材料、高频绝缘材料、超磁材料等，更是有力助推了现代新技术、新产业、生物医疗和国防颠覆性技术等的跨越式发展。

以被誉为"材料之王"的新型石墨烯材料为例，石墨烯因其优异的电学性能和力学性能，被作为无机非金属材料首选基元用于高性能复合材料的制备，但是，目前实现强韧一体化的石墨烯复合材料仍然是一大挑战。虽然层层组装、真空抽滤、蒸发诱导、电化学沉积、凝胶成膜以及冰模板法等作为制备石墨烯复合材料的主要方法，在强韧协同效应上取得了一定进展，但还远远无法满足航空航天等领域的实际需求。针对石墨烯复合材料强度和韧性不可兼得的科学难题，北京航空航天大学的研究者提出采用仿生协同化学合成构筑策略，模仿贝壳结构制备氧化石墨烯/二硫化钼/热塑性聚氨酯三元体系复合材料[17]。研究者首先通过搅拌和超声处理将氧化石墨烯片分散在二甲基甲酰胺中，然后，将热塑性聚氨酯/二甲基甲酰胺溶液和二硫化钼/N-甲基吡咯烷酮溶液分别加入到氧化石墨烯溶液中，超声处理均匀后，通过真空辅助过滤成三元氧化石墨烯/二硫化钼/热塑性聚氨酯复合材料，如图 5-17 所示。石墨烯和二硫化钼的协同强韧效应，不仅提升了复合材料的静态拉伸强度和韧性，而且大幅改善了其动态疲劳性能，同时其电学性能较为良好，在柔性电子器件领域具有巨大的潜在应用前景。基于界面协同强韧机理，研究者还仿生构筑了强韧一体化高导电的氧化石墨烯/壳聚糖复合材料[18]，利用"流动力诱导机制"成功地在氧化石墨烯纳米片和壳聚糖分子界面之间，构筑了氢键和共价键的协同强韧效应，大幅提升了复合材料的力学性能，其强度和韧性分别是天然贝壳的 4 倍和 10 倍。浙江大学的研究者受到再力花（Thalia dealbata）茎微观结构的启发，利用双向冻结技术将石墨烯片层组装到三维气凝胶中，如图 5-18 所示[19]，这种仿生石墨烯气凝胶复合材料可以支撑其自身重量的 6000 倍而只有 50％左右的形变，在50％的形变条件下经过 1000 个压缩周期，材料仍然能够保留约 85％原始抗压强度。北京航空航天大学的研究者提出仿生构筑界面交联的策略，将石墨烯与聚合物进行层层交联，构筑了高强高导电可折叠的宏观石墨烯薄膜，该有序交联石墨烯薄膜的拉伸强度和韧性分别达到 821.2 MPa 和 20.2MJ/m^{3}[20]。江南大学的研究者提

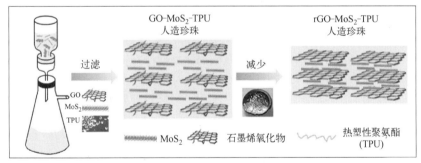

(a) 氧化石墨烯/二硫化钼/热塑性聚氨酯三元体系复合材料制备示意图

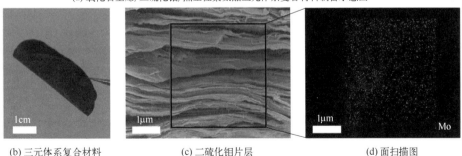

(b) 三元体系复合材料　　(c) 二硫化钼片层　　(d) 面扫描图

图 5-17　氧化石墨烯/二硫化钼/热塑性聚氨酯三元体系复合材料

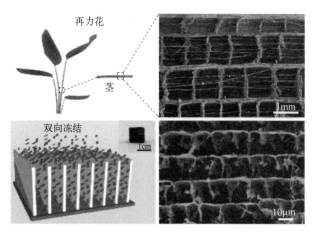

图 5-18 再力花与仿生石墨烯气凝胶微观结

出了一种通过区域链缠结制备具有应变硬化特性的仿生水凝胶的策略。仿生水凝胶的应变硬化特性是通过嵌入高度膨胀的聚丙烯酸钠微凝胶作为软聚丙烯酰胺基质中致密纠缠的微区来实现的。由此产生的传感器具有低杨氏模量（22.61～112.45 kPa）、高标称抗拉强度（0.99 MPa）和高灵敏度，在300％的应变下，标距系数高达 6.77[21]。

总之，仿生复合材料是一种具有巨大发展潜力的新型材料，它的设计理念、制备过程和应用前景都具有重要意义。随着科学技术的不断进步，相信仿生复合材料将会在未来发展中发挥越来越重要的作用，为人类社会的发展和进步做出更大的贡献。

参考文献

[1] Yang X P，Biswas S K，Han J Q，et al. Surface and interface engineering for nanocellulosic advanced materials [J]. Advanced Materials，2020，33（28）：2002264.

[2] Pan X F，Gao H L，Lu Y，et al. Transforming ground mica into high-performance biomimetic polymeric mica film [J]. Nature Communications，2018，9（1）：2974.

[3] Liang K，Spiesz E M，Schmieden D T，et al. Bioproduced polymers self-assemble with graphene oxide into nanocomposite films with enhanced mechanical performance [J]. American Chemical Society Nano，2020，14（11）：14731-14739.

[4] Yang Y，Li X J，Chu M，et al. Electrically assisted 3D printing of nacre-inspired structures with self-sensing capability [J]. Science Advances，2019，5（4）：9490.

[5] Li M，Zhao N F，Wang M N，et al. Conch-shell-inspired tough ceramic [J]. Advanced Functional Materials，2022，32（39）：2205309.

[6] Zhang Y W，Zheng J L，Yue Y H，et al. Bioinspired LDH-based hierarchical structural hy-

brid materials with adjustable mechanical performance [J]. Advanced Functional Materials, 2018, 28 (49): 1801614.

[7] Meng X C, Cai Z R, Zhang Y Y, et al. Bio-inspired vertebral design for scalable and flexible perovskite solar cells [J]. Nature Communications, 2020, 11 (1): 3016.

[8] Ge Q, Chen Z, Cheng J X, et al. 3D printing of highly stretchable hydrogel with diverse UV curable polymers [J]. Science Advances, 2021, 7 (2): 4261.

[9] Wu Y B, Wang L, Guo B L, et al. Interwoven aligned conductive nanofiber yarn/hydrogel composite scaffolds for engineered 3D cardiac anisotropy [J]. American Chemical Society Nano, 2017, 11 (6): 5646-5659.

[10] Xiang C H, Yao X, Wang Y C, et al. Stretchable and fatigue-resistant materials [J]. Materials Today, 2020, 34: 7-16.

[11] Nie J, Gao Q, Wang Y D, et al. Vessel-on-a-chip with hydrogel-based microfluidics [J]. Small, 2018, 14 (45): 1802368.

[12] Zheng J N, Wang Y P, Liu L R, et al. Gelatin/hyaluronic acid photocrosslinked double network hydrogel with nano-hydroxyapatite composite for potential application in bone repair [J]. Gels, 2023, 9 (9): 742.

[13] Hortense L F, Bouville F, Niebel T P, et al. Magnetically assisted slip casting of bioinspired heterogeneous composites [J]. Nature Materials, 2015, 14 (11): 1172-1179.

[14] Cao M, Xiong D B, Yang L, et al. Ultrahigh electrical conductivity of graphene embedded in metals [J]. Advanced Functional Materials, 2019, 29 (17): 1806792.

[15] Li L, Ortiz C. Pervasive nanoscale deformation twinning as a catalyst for efficient energy dissipation in a bioceramic armour [J]. Nature Materials, 2014, 13 (5): 501-507.

[16] Lu K. The future of metals [J]. Science, 2010, 328 (5976): 319-320.

[17] Wan S J, Li Y C, Peng J S, et al. Synergistic toughening of graphene oxide – molybdenum disulfide-thermoplastic polyurethane ternary artificial nacre [J]. American Chemical Society Nano, 2015, 9 (1): 708-714.

[18] Wan S J, Peng J S, Li Y C, et al. Use of synergistic interactions to fabricate strong, tough, and conductive artificial nacre based on graphene oxide and chitosan [J]. American Chemical Society Nano, 2015, 9 (10): 9830-9836.

[19] Yang M, Zhao N F, Cui Y, et al. Biomimetic architectured graphene aerogel with exceptional strength and resilience [J]. American Chemical Society Nano, 2017, 11 (7): 6817-6824.

[20] Wan S, Fang S L, Jiang L, et al. Strong, conductive, foldable graphene sheets by sequential ionic and π bridging [J]. Advanced Materials, 2018, 30 (36): 1802733.

[21] Gong T, Li Z Y, Liang H Y, et al. High-sensitivity wearable sensor based on a Mxene nanochannel self-adhesive hydrogel [J]. American Chemical Society, 2023, 15 (15): 19349-19361.

第 6 章

仿生结构材料

　　自然界中，生物体进化的趋向是以最少的材料来承担最大的外力，利用能大量获取的原料通过不断优化其微观结构的方法，来提升其材料的力学性能。结构是自然万物材料的构成模式，经过亿万年优胜劣汰、适者生存的进化，大自然造就了许多优异的结构模式，如多孔结构、光子结构、薄壳结构、折叠结构、多尺度结构、薄膜结构、翅结构、砖泥结构、螺旋结构、梯度结构、蜂巢结构、管状结构、拓扑结构、分形结构等，它们以最自然、最合理、最经济、最有效、最精细的结构形式在自然界中竞相媲美，令人叹为观止。本章主要介绍仿生结构材料的设计原则及不同类型结构材料的应用。

6.1 仿生结构材料设计原则

　　结构材料仿生是指模仿生物独特表面、整体或内部的宏观、微观、介观、纳观等结构特征合成新材料的过程。结构材料仿生是材料仿生学的重要组成部分，任何一种仿生材料的制备都是以材料为基础、以结构为构成模式而形成的，而结构的重要性有时甚至远远超过了构成材料本身。生物多糖、各种各样的蛋白质、无机物和矿物质等，均是组成自然万物的原始材料，虽然这些原始生物材料的力学性质并不好，但是通过优良结构复合，形成了具有很高强度、刚度以及韧性的自然复合材料，为人类合成高性能的仿生材料提供了有益的指导。随着对大自然精细结构的深入认识以及工程领域重大需求的增加，仿生结构材料在国内外都得到了极大的关注和蓬勃发展。

　　仿生结构材料设计准则是以结构为功能实现的基础，用适当的材料体系匹配结构，发挥结构与材料各自的功能优势。目前，基于自然生物结构的仿生材料主要有三种设计方法。

　　(1) 第一种设计方法

　　直接模仿生物特殊的结构，匹配相应的人工材料，采用相应的结构加工方法或材料合成手段，进行人工合成仿生结构材料，即结构模仿法，这是仿生结构材料最常用的设计方法。

例如，耶鲁大学的研究者发现，凤蝶科和灰蝶科的蝴蝶翅膀上鳞片包含一系列重复结构，称为 gyroids，它们能够折射和反射光，从而使翅膀产生绚丽的色彩，如图 6-1 所示[1]。同时，鳞片的细胞膜和其他细胞结构折叠起来，形成了一种双gyroids。研究基于其鳞片的结构建立生物结构模型——gyroids 三维结构模型，能够帮助研究者更直观地研究和推演蝴蝶鳞片折射和反射光线的原理与过程，为制造太阳能电池和其他利用或操纵光的装置提供更直接的借鉴。

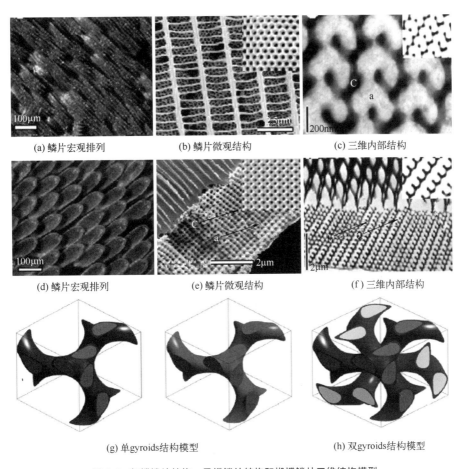

(a) 鳞片宏观排列　　(b) 鳞片微观结构　　(c) 三维内部结构

(d) 鳞片宏观排列　　(e) 鳞片微观结构　　(f) 三维内部结构

(g) 单gyroids结构模型　　　　(h) 双gyroids结构模型

图 6-1　灰蝶鳞片结构、凤蝶鳞片结构和蝴蝶鳞片三维结构模型

通常，生物模型多用来辅助分析模本的机理，一般不直接用于仿生制品的制造，但是，随着设计与制造技术的发展，一些生物模型可以直接用于指导工程模拟与仿生制品制造，如 3D 打印制造技术的出现，不仅有力助推了生物模型直接转化为仿生技术产品的进程，而且制出的仿生制品，无论是结构还是功能，都更接近模本，展现了较高的仿生效能。

例如，暨南大学的研究者选用含有明胶甲基丙烯酰基（GelMA）、聚乙二醇二丙烯酸酯（PEGDA）和丙烯酰胺（AAM），并具有良好生物相容性和胞外基质样黏弹性的双网络水凝胶作为贴片材料，通过逐层光固化3D打印方法，构建了多功能章鱼仿生贴片，如图6-2[2] 所示。该仿生贴片在潮湿环境中具有良好的附着力，同时，负真空压力的附着力有利于脱粘。此外，光固化3D打印技术的构建方法赋予了章鱼仿生贴片个性化定制和类似于章鱼表面的微观结构。良好的黏合和脱粘性能、生物相容性、可弯曲性使这种仿生贴片有望应用于医用黏合剂、智能攀爬机器人和生物传感器。

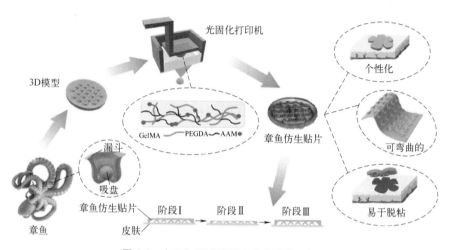

图6-2　光固化3D打印章鱼仿生贴片示意图

随着3D打印与自组装等技术的发展，许多生物精妙的结构都在人工合成材料中得到了展现，从而获得性能远远超越常规材料的新型结构材料。例如，华中科技大学的研究团队受柚子皮保护果肉的优异抗冲击性和功能梯度结构的比能量吸收能力的启发，采用软质材料（光敏树脂）和硬质材料（Ti-6Al-4V）通过3D打印设计并实现了一种梯度仿生多面体超材料，如图6-3[3] 所示。软质材料和硬质材料制造的仿生梯度多面体的比能量吸收分别为1.89 J/g和44.16 J/g，超过了以往研究中大多数软质和硬质材料制备的超材料。

深圳高性能材料增材制造重点实验室和南方科技大学的研究人员从大自然的螳螂虾得到灵感，将从螳螂虾中发现的保护结构与数字光处理（DLP）3D打印技术结合起来，用双连续氧化锆/环氧树脂3D打印复杂的陶瓷复合结构，创造出具有仿生结构的增韧陶瓷复合材料，如图6-4[4] 所示。在一系列的抗压测试中，研究小组发现，与纯陶瓷相比，他们打印的陶瓷复合材料的强度增加了213%，打印结构的硬度也增加了116倍，同时实现了使用传统技术无法制造的独特几何形状。

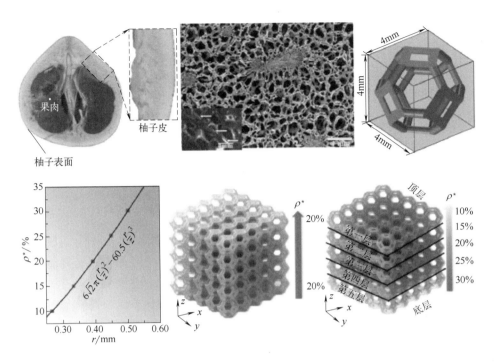

图 6-3 仿生柚子皮多面体超材料的形态演变

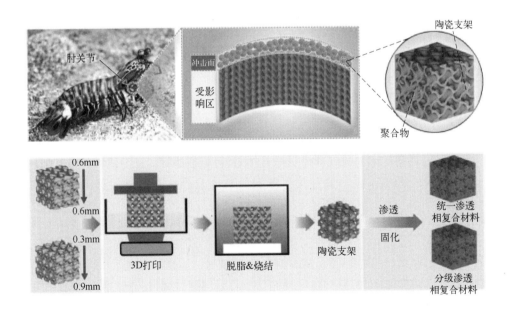

图 6-4

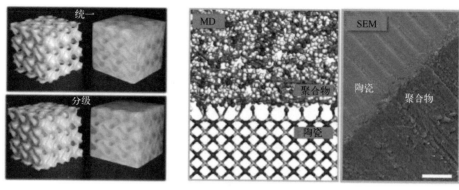

图 6-4　从螳螂虾中发现保护结构并与数字光处理（DLP）　3D 打印
技术结合创造出几何形状复杂的陶瓷复合材料部件

(2) 第二种设计方法

　　仿生结构材料第二种常用设计方法是直接将生物结构作为模板进行复制，复制的母版具有与生物模本相反的结构，然后将复制后的母版作为模板，通过压印剥离的方式获得母版的相反结构，从而进行真正生物结构的复制。这种结构材料仿生制备被称为生物模板法，常常用来制备精密复杂的仿生结构表面材料。例如，利用蝴蝶、蛾类等昆虫翅膀鳞片或荷叶、水稻叶等植物叶片作为模板制备仿生超疏水结构表面材料等。

　　例如，湖南大学的研究者提出了一种简单有效的液滴定向弹跳输水方法，其灵感来自于菜花和昆虫翅膀。采用基于 PμSL 的 3D 打印技术精确制备了具有特殊排列的微蘑菇疏水结构表面，如图 6-5[5] 所示。经过超疏水层涂层后，顶部有微蘑菇结构的仿生功能表面达到了 165° 的超疏水性。通过精确地调整微蘑菇结构的几何参数和倾角，可以精确地控制水滴的弹跳速度和方向。此外，液滴沿倾斜（8.5°）的功能表面反弹，以抵抗重力，表现出优异的自清洁性能。仿生结构的可控自清洁弹跳能力可以随降雨发电，在自清洁、液滴捕获、定向和反重力水运、降雨计数和绿色能源生产等方面具有潜在的应用前景。

　　复旦大学的研究者从鼠尾草叶的强疏水性中得到启发，制备了一种具有鼠尾草叶状结构的新型超疏水多功能芳纶聚酰亚胺纳米复合气凝胶（简称 Bio-ANFPI-2气凝胶）。Bio-ANFPI-2 气凝胶表面覆盖有许多通过原位硅氧烷缩聚方法生成的球形和半球形二氧化硅纳米颗粒，类似于鼠尾草叶的表面，如图 6-6[6] 所示。实验结果表明，Bio-ANFPI-2 气凝胶的最大压缩应力显著增加了 174%，压缩模量也增加了 245%。在粗糙表面和低表面能的共同作用下，Bio-ANFPI-2 气凝胶具有优异的超疏水性，水接触角为 152°，滚动角为 8.3°。更重要的是，该气凝胶具有接近空气的低热导率、优异的金属离子吸附能力和优异的油水分离能力。

(3) 第三种设计方法

　　仿生结构材料第三种设计方法是将生物特殊的结构进行处理后，直接作为仿生

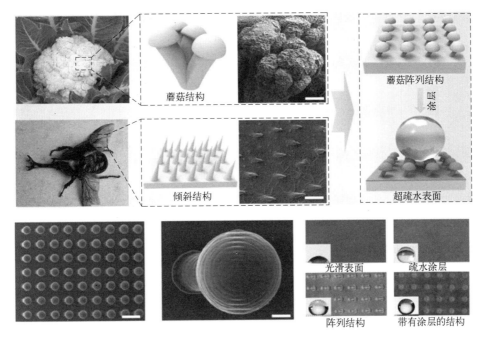

图 6-5 带有微蘑菇结构的仿生功能表面

结构材料的基体或骨架，在其基础上进行其他材料的复合，常常用来制备生物基仿生结构材料。例如，韩国浦项科技大学的研究者以巴尔杉木板为原料，在碱环境下去除木质素，加入过氧化氢辅助去除疏水性刚性木质素和半纤维素组分，保留柔软和亲水性纤维素组分。经过化学处理后，获得了一种具有超亲水性和水下超疏油性的高柔性多孔（微孔直径<$10\mu m$）仿生结构木膜材料，如图 6-7 所示[7]。马里兰大学的研究者通过脱除木质素和气相沉积的方法制备结构导电木材，首先用$NaClO_2$去除天然木材中的木质素形成一种有序阵列通道、纤维素和多级孔共存的结构，然后将其浸润到$FeCl_3$溶液中进行吸附，最后将处理后的木材置于吡咯蒸气中实现聚吡咯的形成和生长，制备得到了结构良好的多孔仿生结构导电木材，如图 6-8 所示[8]。在聚吡咯覆盖后其密度仅为 $0.12\ g/cm^3$，而电导率达到了 $39\ S/m$，在 $3.5cm$ 厚度下其电磁屏蔽效能在 $8\sim12\ GHz$ 达到 $58\ dB$。在化学处理后，其压缩和拉伸强度分别达到了 $15.46\ MPa$ 和 $20.18\ MPa$，该材料在未来的工程电磁屏蔽领域将表现出极大的潜力。同济大学的研究者以茄子作为前驱模板，利用天然生物质巧夺天工的微观多孔结构，经过低温冷冻干燥和无氧梯度升温碳化，一步合成出直径 $100\mu m$ 左右的碳管，实现了超大孔管径状结构碳材料的仿生制备[9]。通过对碳纳米管进行双面修饰，其管壁内外又组装形成了双层的碱式碳酸钴纳米锥阵列。该管径状多孔与锥形阵列复合结构在超级电容器中表现出优异的性能，具有很高的潜在应用价值，同时，该技术也突破了超大孔径碳管的制备瓶颈。

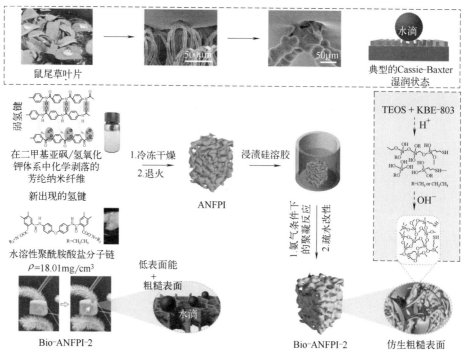

图 6-6 一种具有鼠尾草叶片结构的新型超疏水多功能芳纶聚酰亚胺纳米复合气凝胶的制备过程

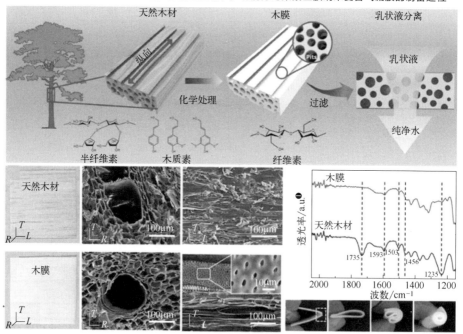

图 6-7 多孔仿生结构木膜材料制备过程

---

❶ a. u. 为 arbitrary unit 的缩写，为任意单位。

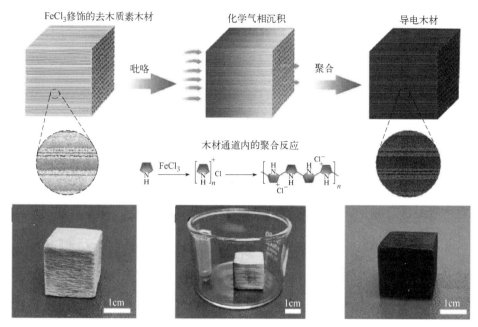

图 6-8 多孔仿生结构导电木材料制备过程

大自然精湛的结构，为仿生结构材料创新提供了不竭的动力，人们源源不断地开发出许多性能优异的结构材料，而先进制造技术的发展，如 3D 打印技术的出现，更是强有力助推了从仿生模本结构到仿生结构制品的跨越式制造。结构仿生与3D 制备技术的有机融合，不仅是当下仿生结构材料的重要发展方向，更是产生了一股强大的科技创新力量，以前所未有的精准模拟与大自然结构的重现，推动仿生结构材料向着更微、性能更优的方向延伸。

先进制造技术的不断发展，实现了不同材料与不同结构的巧妙组装与耦合，更是将以往难以精确复制的自然结构，如高精度、高复杂性的多孔结构、螺旋结构、梯度结构、拓扑结构等，搬上了工程领域应用的舞台，展现出不同以往的原始创新，推动了结构仿生设计的颠覆性突破，在许多领域大放异彩。

6.2 仿生多孔结构材料

自然界中许多生物具有分级多孔结构，如骨骼、珊瑚、海绵、木材、硅藻、竹子、叶片等，多孔结构使其具有低密度、高韧性、高弹性和优良的力学性能。由于其优异的性能，这种多孔结构受到了科学家的广泛关注，开发出了许多仿生多孔结构材料，在工程领域得到了广泛应用。

仿生多孔结构材料是材料-结构-功能一体化的新型材料，根据孔的形态可以分为多面体泡沫状、蜂窝状、网络状、栅格状、管径状、球状等多种形式，这种材料在轻质结构、能量吸收、热控制、光电转化等方面均具有广泛的应用潜力。

仿生多孔材料的设计研究主要集中在三个方面：一是将生物多孔材料作为基体或复合相，与其他材料复合制备仿生多孔材料；二是直接模仿生物多孔结构特征，利用机械加工或化学手段将人工材料加工出生物孔的结构，从而制备出仿生多孔材料；三是利用人工材料自身多孔特性，通过对孔结构特征的改性，制备出具有生物材料多孔特性的仿生材料。

在众多的仿生多孔材料中，多面体泡沫状多孔结构与蜂窝结构是自然界中最为普遍存在的两种优质结构，成为研究者效仿的天然蓝本。其中，多面体泡沫状多孔结构由大量多面体形状的孔洞在空间聚集形成三维结构，具有密度小、刚度大、比表面积大、吸能减振性好、消音降噪效果好、电磁屏蔽性能高等特点，目前应用于催化剂、催化剂载体、高温液体过滤器、热交换器等功能材料方面，也作为结构材料应用于航空、建筑等领域。研究者采用各种设计手段，制备出了性能优异的陶瓷基、金属基、石墨烯基、聚合物基、生物质基等多面体泡沫仿生结构材料。

例如，哈佛大学的研究者受到大自然小草由空心、管状的宏观结构和多孔的微观结构组成，可以抵抗强大的风压，并且能在压力卸载之后迅速恢复过来的现象的启发，利用 3D 打印技术，采用氧化铝颗粒、水和空气制备出了多孔泡沫结构陶瓷材料。在 3D 打印成型过程中，使用数控的方式在较大的宏观单元中布置更小的微观单元；当材料固化之后，其内部有大大小小被陶瓷材料环绕禁锢且充满空气的多孔空腔；这些空腔被组合到结构中可获得陶瓷材料本身不可能拥有的优异性能，如图 6-9 所示[10]。同时，还可以独立地调控宏观和微观孔的结构，使这种仿生多孔泡沫材料在几何结构、密度和强度之间达到最优化的分配。这种仿生多孔泡沫陶瓷不仅质量轻、强度高、硬度高，还能耐受高达 1700℃ 的高温，未来有望在航空航天喷气发动机、超音速飞机上的关键零件、微机电系统内的复杂部件等方面应用。

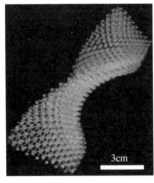 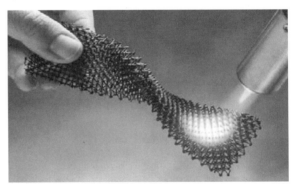

(a) 多孔泡沫陶瓷 (b) 耐受1700℃的高温

图 6-9 3D 打印仿生多孔泡沫陶瓷

上海交通大学的研究者师法自然，研究多孔材料刚柔相济的特性，通过分析多孔结构的材料与孔径、孔率的关系，选择适当孔径的商品化聚氨酯泡沫为原料，将商业聚氨酯泡沫浸入含有肼的氧化石墨烯溶液中，通过氧化石墨烯原位化学还原反应，将石墨烯片组装在聚氨酯骨架上，干燥后热解，获得了具有三维二元结构的聚氨酯基石墨烯泡沫材料，如图 6-10 所示[11]，而且制备方法具有环保、工艺简单、可量产等优点。这种独特的结构使石墨烯泡沫不但拥有表层石墨烯的特点，而且保留了聚氨酯泡沫材料的优点，具有高电导率、高表面疏水性、优异的力学性能、循环性能，在压敏传感器、油水清理等领域也具有商业应用潜力。

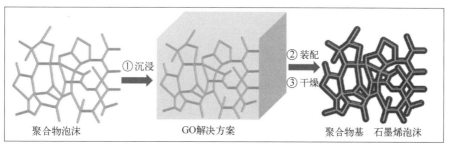

(a) 婴氨酯基石墨多孔泡沫制备示意图

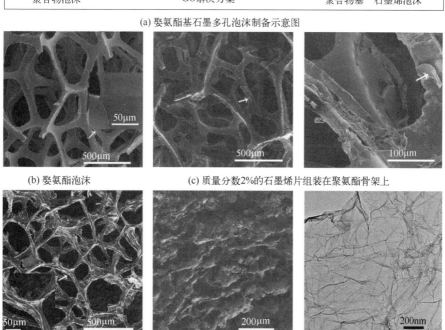

(b) 婴氨酯泡沫   (c) 质量分数2%的石墨烯片组装在聚氨酯骨架上

(d) 热解后的聚氨酯基石墨烯多孔泡沫   (e) 石墨烯多孔泡沫中剥离的石墨烯片

图 6-10　聚氨酯基石墨烯多孔泡沫

蜂窝状多孔结构是自然界多孔材料的经典之作，是由一个个正六角形背对背对称排列组合而成的一种结构。受蜂窝结构启迪，人类发明了各种蜂巢复合结构材料及其制品，如高强度蜂窝纸板，是近年来在欧美国家、日本和我国兴起的一种节省资源、保护生态环境、成本低廉的新型绿色环保包装材料，它具有轻、强、刚、稳四大优点，体现了一种全新的包装模式和观念。蜂窝结构强度很高，质量又很轻，还有益于隔音和隔热。因此，现在的航空飞机、人造卫星、宇宙飞船在其内部大量采用蜂窝结构，卫星的外壳也几乎全部是蜂窝结构。蜂窝结构因其优异的几何力学性能，在众多工程领域都有广泛应用。

南京大学的研究者根据蜂窝结构，利用化学气相沉积法制备了具有大面积原子级厚度的氮化硼白石墨烯薄膜，并组装成石墨烯-白石墨烯-石墨烯异质结构，利用白石墨烯作为电子隧穿层及介电层，采用发泡原理，使气泡从中间的氮化硼白石墨烯层中释放出来，从而形成蜂窝状多孔石墨烯材料，如图 6-11 所示[12]。这种蜂窝状的分层孔隙和超薄壁的微观结构，不仅具有非常低的密度（2.1 mg/cm³），而且有超强的吸附能力，吸附重量达自重的 190 倍，可用于吸附水中的有机污染物等，

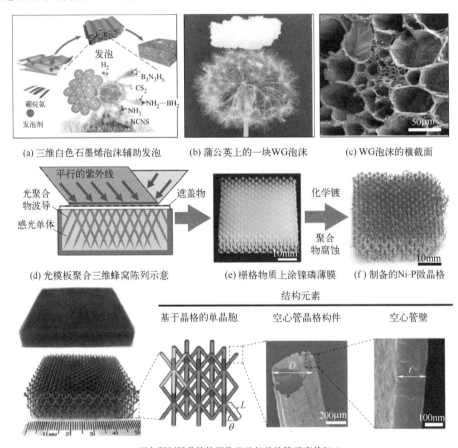

(a) 三维白色石墨烯泡沫辅助发泡　　(b) 蒲公英上的一块WG泡沫　　(c) WG泡沫的横截面

(d) 光模板聚合三维蜂窝陈列示意　　(e) 栅格物质上涂镍磷薄膜　　(f) 制备的Ni-P微晶格

(g) 两个预制微晶格的图像以及相关建筑元素的细分

图 6-11 蜂窝状多孔石墨烯制备及微观结构与蜂窝多孔镍磷栅格支架的制备

成为优秀的防污清道夫。美国加利福尼亚大学的研究者设计出了一种超轻质、低密度金属材料，可保持与大块物质相同的刚度、强度、能量吸收和导电率。研究者让硫醇烯液体通过一种有图案的防护罩，用紫外光对其做轰炸式的光照，硫醇烯液体在接触光时，其分子的性质发生改变，通过这种方式产生了一种三维的栅格物质，再在栅格物质上涂镍磷薄膜；然后将硫醇烯聚合物模板刻蚀掉，仅留下空心的镍磷多孔栅格支架，如图 6-11 所示[13]。这种多孔栅格镍磷支架不仅质量轻，当承受超过 50％的应力压缩时，能够像弹性体一样吸收压缩能量，展现出超强的复原性。

自然界中形形色色的多孔结构不仅为人们开发不同用途的新材料打开了新局面，同时，人们在多孔材料的制备方法上也取得了众多技术突破。为适应更多领域的应用需要，多孔结构材料的制备技术在不断发展，实现了从宏观、微观到介观上的孔形、孔率、孔径等精确调控，为人们制备新型结构与功能一体化多孔材料开辟出了更多的新途径。

6.3 仿生螺旋结构材料

螺旋结构是大自然中最重要的也是最普通的结构之一，无论是宏观的宇宙，还是微观的物质；无论是染色体，还是生物大分子，如 DNA 和蛋白质分子，都具有螺旋形结构。其中，生物大分子的螺旋结构在生命功能中起着重要作用，如识别、复制、遗传等；手性螺旋结构材料表现出了特殊的电学、光学、催化等性质，在非线性光学、不对称催化以及手性拆分等领域有着广泛的应用前景。

目前，仿生螺旋结构材料的研究工作大体可分两个方向。

（1）以螺旋传动为主的仿生研究

该方法设计出的螺旋结构材料表现出了良好的力与运动传递效率，如高强度螺旋纤维、高性能层状螺旋材料、高动力螺旋电机等。例如，2016 年诺贝尔化学奖授予法国、美国、荷兰的三位化学家，以表彰他们在"在分子机器的设计和合成"方面的贡献，微型螺旋电机的设计与制备再一次成为科学家们研究的热点。许多细菌都有鞭毛，每根鞭毛受基底的鞭毛电机驱动而旋转，对细菌包体产生推动力[14,15]。受这种鞭毛电机的启发，人造螺旋微型电机的制备得到了广泛的关注。东南大学的研究者将液体光刻技术集成于微流控螺旋编织体系，开发了一种新型制备仿生螺旋电机的方法[16]。该方法首先借助微流控芯片对流体流动行为进行调节，利用快速的离子交联形成具有连续螺旋结构的微米纤维模板；同时，通过光掩模板和紫外光光照对模板中的光敏感材料进行区域性的聚合，得到离散的聚合单元；最后，将模板中未聚合部分的水凝胶降解，即可得到离散的螺旋微型电机。相比传统的制备方法，这种方法可以实现多相流体的控制，还可通过改变微流控芯片中的流体组成，实现多组分的双螺旋、三链体、核壳结构的螺旋微电机的制备，如图 6-12 和图 6-13

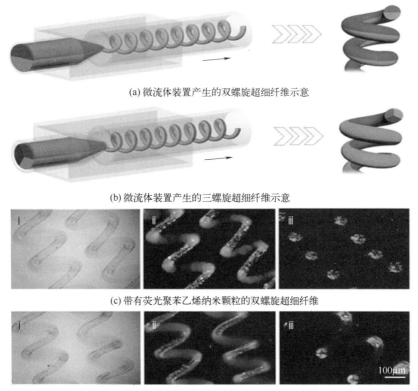

(a) 微流体装置产生的双螺旋超细纤维示意

(b) 微流体装置产生的三螺旋超细纤维示意

(c) 带有荧光聚苯乙烯纳米颗粒的双螺旋超细纤维

(d) 带有荧光聚苯乙烯纳米颗粒的三螺旋超细纤维

图 6-12 通过微流体产生的双螺旋和三螺旋超细纤维

所示，增加了其内部结构的复杂度，从而赋予螺旋微电机更加丰富的应用。通过这种集成系统制备得到的螺旋微电机具有多样的结构，可以实现非燃料驱动和燃料驱动两种运动模式。在非燃料驱动模式下，螺旋微电机通过在其中引入磁响应的纳米粒子，借助外部磁场的调节可实现旋转和进动的功能。在燃料驱动的应用中，具有核壳结构的螺旋微电机可以更好地利用催化反应产生气体，获得向前运动的推动力。核层中具有催化作用的纳米粒子可以对外部的流体进行更加集中的催化，从而产生更集中的推动力，实现螺旋微电机在流体中的定向运动。美国加州大学的研究者发现螃蟹螯几丁质纤维螺旋堆叠排列，受到冲击时，通过螺旋结构旋转和伸缩卸掉冲击能量[17]，具有优异的力学性能。研究者采用电场辅助 3D 打印技术，通过控制电极旋转对碳纳米管进行逐层螺旋排列，形成连续纤维螺旋结构，并且均匀分布在聚合物基体中，从而使材料呈现出优异的高强、止裂、耐冲击等特性，如图 6-14 所示[18]。中国科学技术大学的研究者受天然纤维中普遍存在的分层螺旋和纳米复合结构特征的启发，以细菌纤维素为结构单元，海藻酸钠为软基质，通过湿纺和多次湿捻，成功获得了仿生分层螺旋纳米复合纤维[19]，其最大抗张强度为 535

(a) 产生中空结构、核壳结构和双螺旋超细纤维的同轴毛细管微流体装置示意

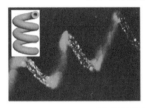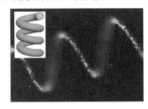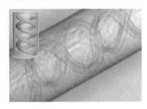

(b) 带有荧光聚苯乙烯纳米颗粒的中空结构、核壳结构和双螺旋超细纤维

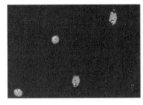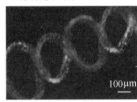

(c) 中空结构、核壳结构和双螺旋超细纤维横截面

图 6-13 微流体产生的中空结构、核壳结构和双螺旋超细纤维

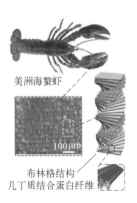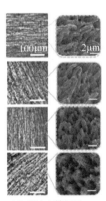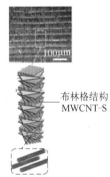

(a) 螃蟹螯几丁质　(b) 电极旋转使碳纳米管　(c) 碳纳米管螺旋　(d) 3D打印制备出的聚合物
纤维螺旋排列　　逐层螺旋排列示意图　　结构排列　　　螺旋结构材料

图 6-14 电场辅助 3D 打印制备聚合物螺旋结构材料

MPa，伸长率为 16%，韧性为 $45\ \mathrm{MJ/m^3}$。

（2）以螺旋传导为主的仿生研究

该方法设计出的螺旋结构材料表现出了信息、物质、能量传递效率，如螺旋光晶体结构、螺旋电感结构、螺旋信息复制结构、螺旋光学活性结构等。例如，澳大利亚斯威本科技大学的研究者发现，黄星绿小灰蝶翅膀由互相连接的纳米级螺旋弹簧阵列构成，赋予其充满活力的绿色，可展现独特的光学特性。通过模仿蝴蝶翅膀的微观结构，研究者采用三维激光纳米技术开发出了一种小于人类头发丝宽度的纳米级螺旋光子晶体设备，这种微型设备包含了 75 万多个微小的聚合物螺旋纳米棒，能同时适用于线性和圆形偏振光，使光通信更迅捷、更安全[20]，如图 6-15 所示。这一仿生创新技术有望开发集成光子电路的电子元件，在光通信、影像学、计算机信息处理和传感技术中发挥重要作用，该技术为开发转向纳米光子器件以及超高速光网络带宽的光学芯片提供了新的可能性。澳大利亚斯威本科技大学的研究者使用高精度光刻 3D 打印技术在微小尺度上创建了黄星绿小灰蝶翅膀的结构，制备出了更加靓丽、更加明亮且光反应速度更快的电子设备屏幕，如图 6-15 所示[1]，同时，使用这种仿生螺旋结构制成的材料还具有更高的分辨率和更好的机械强度。

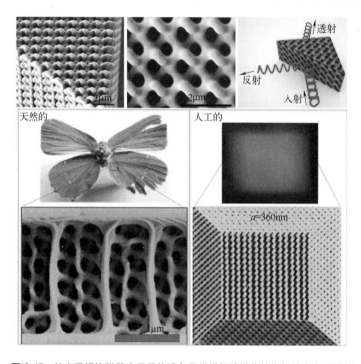

图 6-15 纳米级螺旋弹簧光子晶体设备及蝴蝶翅膀螺旋结构与仿生电子屏幕

6.4 仿生梯度结构材料

自然界中的生物体在长期的自然选择与进化过程中，其组成材料的组织结构与性能得到了持续优化与提高，从而利用简单的矿物与有机质等原材料很好地满足了复杂的力学与功能需求，使得生物体达到了对其生存环境的最佳适应。大自然是人类的良师，天然生物材料的优异特性能够为人造材料的优化设计，特别是高性能仿生材料的发展提供有益的启示。其中，功能梯度设计是生物材料普遍采用的基本性能优化策略之一，揭示自然界中的梯度设计准则与相应的性能优化机理，对于指导高性能仿生梯度材料设计并促进其应用具有重要意义。

自然界材料的梯度结构形形色色，可分为成分梯度、组织梯度（包括结构单元的排列方式、空间分布和取向）、尺度梯度、界面梯度等，仿生梯度材料通过控制不同类型梯度在多级结构尺度下结合与匹配，如图 6-16 所示[1]，以获得梯度变化的力学性能，实现局域刚度、强度与韧性的优化分布与相互匹配，从而提高整体的力学性能。

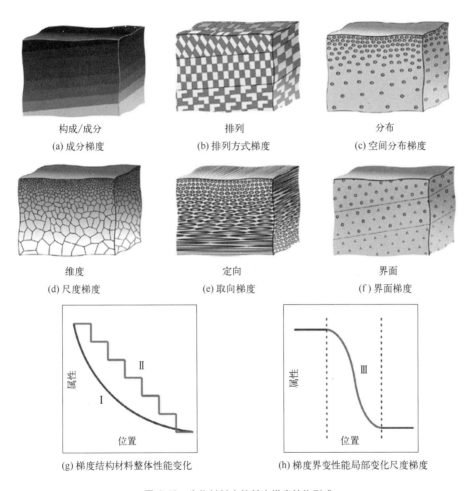

构成/成分
(a) 成分梯度

排列
(b) 排列方式梯度

分布
(c) 空间分布梯度

维度
(d) 尺度梯度

定向
(e) 取向梯度

界面
(f) 界面梯度

(g) 梯度结构材料整体性能变化

(h) 梯度界变性能局部变化尺度梯度

图 6-16 生物材料中的基本梯度结构形式

在各种各样的仿生梯度材料设计和演化过程中，梯度类型从根本上与两种因素的变化相关，即化学成分/组成特征和结构特征，这些特征构筑梯度单元，其分布、尺寸和方向直接影响材料的性能。另外，在仿生梯度材料中，界面在维持结构完整性和支持材料特定功能中起着至关重要的作用，界面之间的渐进过渡和结合强度等是提升性能设计的关键。

在自然界中，生物材料中的大多数梯度在不同程度上与局部化学组成或成分的变化有关，可以调节一系列化学成分，如生物矿物质、无机离子和生物分子的类型和浓度以及水合水平等，还可以通过更精细的局部组成和成分调节，以更巧妙的方式生成化学梯度，以对局部特性进行空间控制。在多种化学梯度中，可以通过优先将硬质成分放置在机械应力和磨损较大的区域的方式来提升材料的性能。例如，蜘蛛牙齿在矿化形成过程中，在尖端和周边区域附近富集高硬度的锌、铜、氯离子等，向着基部与内部则逐渐减少，这种化学成分梯度使其在捕食和咀嚼过程中具有良好的耐磨与抗冲击性能，如图 6-17 所示[21]。清华大学研究者跳出传统结构优化设计思路，创新性地提出了一种基于梯度成分调控的柔性压力传感器件设计方案，实现了宽量程下的器件灵敏度的巨幅提升。通过超快激光沉积和激光微直写技术，研究人员制备出具有梯度表层成分、由 Cu 和 FeO_x 纳米颗粒构筑而成的多级垄式传感架构。对于压力传感过程，在传统的针对接触面积的调控手段之外，首次引入了梯度成分策略，通过局域性地调控各纳米颗粒垄表层 Cu 和 FeO_x 的成分占比，可大幅调整相应接触界面区域的电导率，从而极大地提升了器件的灵敏度[22]。

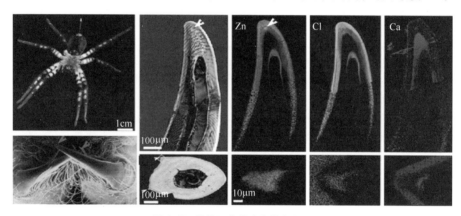

图 6-17　蜘蛛牙化学成分梯度变化

在结构梯度材料的设计中，若材料的化学组成/成分是固定的，通常通过调整其结构类型以提升性能。结构梯度的设计与四个方面相关，即结构单元的排列、分布、尺寸和方向等。其中，通过调整结构单元的排列、分布、尺寸和方向特征，即使不改变化学性质，生物材料也能够在特定位置产生增强性能。例如，在贝壳中，构成的文石单元分别以松散堆积的多孔形式和密集的交错层状排列堆叠在中层和内层中，如图 6-18 所示，这种结构特征导致沿壳体厚度方向的力学性能发生渐变，即中间层较弱且易于塌陷，从而耗散了能量并缓解了应力集中，而内层则既坚强又坚韧，不仅可有效使裂纹偏转，还具有较强的承载作用[23]。

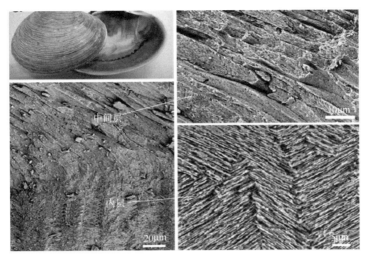

图 6-18　贝壳结构梯度变化

　　自然界生物材料的功能梯度特性，为工程材料整体与局部功能优化提供了重要的借鉴。目前，仿生梯度材料在力学性能提升、液体传输、流量控制、光电传导、感应与驱动等方面取得了重要成就，为工程领域提供了高性能的结构材料。而随着对自然材料超微结构的深入研究，梯度结构的更多应用被发掘出来，在工程领域开启了新的梯度结构设计模式。例如，北京航空航天大学的研究者发现猪笼草口缘区液膜能够克服重力，定向自动输运液体，在湿润环境下显现出了超滑特性，昆虫很难驻足在口缘区。微观结构观察显示，口缘区由独特双重微槽结构组成，一级微槽的宽度约为 $500\mu m$，由约 10 个二级微槽组成，每个二级微槽由周期性排列的具有拱形边缘的鸭嘴微型腔构成，鸭嘴微腔在顶部封闭，具有锋利的边缘，并具有稍微梯度倾斜的外表面。这种特殊的结构，首先将水滴限制在一级微槽通道内，然后利用二级微槽的梯度倾斜结构进行自输送，如图 6-19 所示[24]。根据猪笼草口缘区表面水的连续定向输运机制，研究者模拟猪笼草口缘区表面微梯度结构进行了压印成形，成功地实现了无需动力的水平方向液膜梯度长距离输运，如图 6-19（d）所

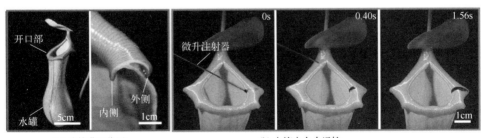

(a) 猪笼草口缘区　　　　　　　　　(b) 水滴定向自运输

图 6-19

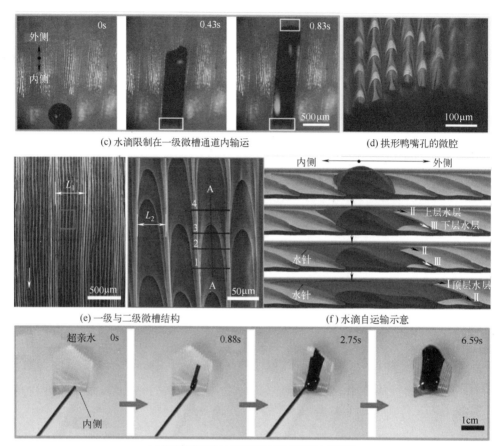

(c) 水滴限制在一级微槽通道内输运

(d) 拱形鸭嘴孔的微腔

(e) 一级与二级微槽结构

(f) 水滴自运输示意

(g) 仿猪笼草口缘区梯度结构材料自输运水的过程

图 6-19　猪笼草口缘区梯度结构与仿生梯度材料自输运水的过程

示。这一研究成果是一项新的梯度结构的重要应用，可直接用于自润滑、压力传感器、新能源以及医疗器械表面防粘、无人机表面防冰等领域。

参考文献

[1] Saranathan V，Osuji C O，Mochrie S G J，et al. Structure，function，and self-assembly of single network gyroid（$I4132$）photonic crystals in butterfly wing scales［J］. Proceedings of the National Academy of Sciences of the United States of America，2010，107（26）：11676-11681.

[2] Li W，Hu X L，Liu H S，et al. 3D light-curing printing to construct versatile octopus-bionic patches［J］. Journal of Materials Chemistry B，2023，11（22）：5010-5020.

[3] Zhang Z，Song B，Fan J，et al. Design and 3D printing of graded bionic metamaterial in-

spired by pomelo peel for high energy absorption [J]. Chinese Journal of Mechanical Engineering: Additive Manufacturing Frontiers, 2023, 2 (1): 47-54.

[4] Sun J, Yu S, Wade-Zhu J, et al. 3D printing of ceramic composite with biomimetic toughening design [J]. Additive Manufacturing, 2022, 58: 103027.

[5] Zhan Z H, Wang Z L, Xie M Z, et al. Programmable droplet bouncing on bionic functional surfaces for continuous electricity generation [J]. Advanced Functional Materials, 2024, 34 (1): 2304520.

[6] Zhang X H, Lei Y, Li C X, et al. Superhydrophobic and multifunctional aerogel enabled by bioinspired salvinia leaf-like structure [J]. Advanced Functional Materials, 2022, 32 (14): 2110830.

[7] Kim S, Kim K, Jun G, et al. Wood-nanotechnology-based membrane for the efficient purification of oil-in-water emulsions [J]. ACS Nano, 2020, 14 (12): 17233-17240.

[8] Gan W, Chen C, Giroux M, et al. Conductive wood for high-performance structural electromagnetic interference shielding [J]. Chemistry of Materials, 2020, 32 (12): 5280-5289.

[9] Qu Y C, Zan G T, Wang J X, et al. Preparation of eggplant-derived macroporous carbon tubes and composites of EDMCT/Co (OH) (CO$_3$) 0.5 nano-cone-arrays for high-performance supercapacitors [J]. Journal of Materials Chemistry A, 2016, 4 (11): 4296-4304.

[10] Eckel Z C, Zhou C, Martin J H, et al. Additive manufacturing of polymer-derived ceramics [J]. Science, 2016, 351 (6268): 58-62.

[11] Wu C, Huang X, Wu X, et al. Mechanically flexible and multifunctional polymer - based graphene foams for elastic conductors and oil - water separators [J]. Advanced Materials, 2013, 25 (39): 5658-5662.

[12] Zhao H, Song X, Zeng H. 3D white graphene foam scavengers: Vesicant-assisted foaming boosts the gram-level yield and forms hierarchical pores for superstrong pollutant removal applications [J]. Npg Asia Materials, 2015, 7 (3): e168.

[13] Schaedler T A, Jacobsen A J, Torrents A, et al. Ultralight metallic microlattices [J]. Science, 2011, 334: 962-965.

[14] Blair K M, Turner L, Winkelman J T, et al. A molecular clutch disables flagella in the bacillus subtilis biofilm [J]. Science, 2008, 320 (5883): 1636-1638.

[15] LeeL K, Ginsburg M A, Crovace C, et al. Structure of the torque ring of the flagellar motor and the molecular basis for rotational switching [J]. Nature, 2010, 466 (7309): 996-1000.

[16] Yu Y R, Fu F F, Shang L R, et al. Bioinspired helical microfibers from microfluidics [J]. Advanced Materials, 2017, 29 (18): 1605765.

[17] Weaver J C, Milliron G W, Miserez A, et al. The stomatopod dactyl club: A formidable damage-tolerant biological hammer [J]. Science, 2012, 336 (6086): 1275-1280.

[18] Yang Y, Chen Z Y, Song X, et al. Biomimetic anisotropic reinforcement architectures by

electrically assisted nanocomposite 3D printing [J]. Advanced Materials，2017，29 (11)：1605750.

[19] Huai-Ling G，Ran Z，Chen C，et al. Bioinspired hierarchical helical nanocomposite macro-fibers based on bacterial cellulose nanofibers [J]. National Science Review，2020，7 (1)：73-83.

[20] Turner M D，Saba M，Zhang Q M，et al. Miniature chiral beamsplitter based on gyroid photonic crystals [J]. Nature Photonics，2013；7 (10)：801-805.

[21] Politi Y，Priewasser M，Pippel E，et al. A spider's fang：How to design an injection needle using chitin-based composite material [J]. Advanced Functional Materials，2012，22 (12)：2519-2528.

[22] Feng B，Zou G H，Wang W G，et al. A programmable，gradient-composition strategy producing synergistic and ultrahigh sensitivity amplification for flexible pressure sensing [J]. Nano Energy，2020，74 (1)：104847.

[23] Jiao D，Liu Z Q，Qu R T，et al. Anisotropic mechanical behaviors and their structural dependences of crossed-lamellar structure in a bivalve shell [J]. Materials Science & Engineering C Materials for Biogical Applications，2016，59 (1)：828-837.

[24] Chen H W，Zhang P F，Zhang L W，et al. Continuous directional water transport on the peristome surface of Nepenthes alata [J]. Nature，2016，532 (7597)：85-89.

第 **7** 章

仿生功能材料

自然界中可供人类模拟的材料模本非常广泛，包括生物材料、生境材料与生活材料等，这些材料无时无刻不在展示其精妙之处，吸引着人类去探索，启迪着人类从大自然广阔视角思考材料科学与工程问题。合理利用这些天然的材料资源，将会为材料仿生设计提供新思路、新思维与新理论。

7.1 仿生功能材料设计原则

生物材料中每一种成分体系都有其特有的功能属性，众多成分体系复合形成了生物材料所展现的特有功能，如自清洁、脱附、减阻、耐磨、耐腐蚀、抗疲劳、消声降噪、变色、超硬、超滑、低/高黏附等，人们根据生物材料的成分属性与结构特征的完美组合所展现的独特功能特性，开发出了许多先进的仿生功能材料。

目前，仿生功能材料的设计方法主要包括三种。

（1）基于生物材料成分与特有的结构开展仿生材料设计

第一种设计方法，是基于生物材料成分与特有的结构相结合所展现出的功能特性，开展仿生功能材料研究，在合成的仿生材料中，必须是材料成分与结构的完美结合，才能展现出优异的综合性能。例如，许多植物叶片表面具有的蜡质材料属性与微/纳结构特征，使其展现出了良好的超疏水特性，研究者模仿这种材料与结构相结合的特性，采用不同的材料制备出了多种多样的仿生超疏水功能表面材料。例如，东华大学的研究者模仿荷叶表面蜡质材料属性与微/纳结构特征，结合静电纺丝技术与静电喷雾技术，以亲水改性后的聚丙烯腈作为原料，在常规静电纺纤维膜表面构建了具有仿荷叶表面材料特性与微/纳结构的超润湿性纳米纤维分离膜材料，如图 7-1 所示[1]，具有优异的超亲水和水下超疏油性能（水下油接触角可达 162°，滚动角 < 3°）。

（2）以生物材料成分的特性为功能单元开展仿生材料设计

仿生功能材料的第二种设计方法，是以生物材料成分的某种特性为功能单元，

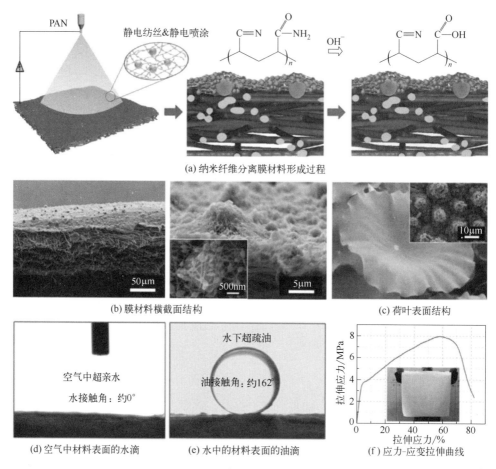

(a) 纳米纤维分离膜材料形成过程

(b) 膜材料横截面结构

(c) 荷叶表面结构

(d) 空气中材料表面的水滴

(e) 水中的材料表面的油滴

(f) 应力-应变拉伸曲线

图 7-1 仿生纳米纤维分离膜超亲水和超疏油性能

模仿功能单元的属性、特征，采用人工的方法和材料，构建和设计这种功能单元，并且以设计这种功能单元的功能为主导，从而形成具有特殊功能的仿生材料。例如，生物材料中广泛存在的蛋白质纤维、胶原纤维、木质素纤维、几丁质纤维等功能单元，具有高强、高韧等多种功能，人们通过模仿这些纤维材料功能单元的设计与组合，人工合成了许多性能优异的仿生功能材料。中国科学技术大学的研究者利用有机有序超薄分子膜技术，成功地操纵了 Ag 和 $W_{18}O_{49}$ 纳米线的大面积组装，制备了双层 $Ag/W_{18}O_{49}$ 纳米线网格结构的柔性透明导电薄膜，如图 7-2 所示[2]，具有可调控的电阻（$7\sim40\Omega/m^2$）和光学透过率（550nm 波长下透过率为 58%～86%）。利用该膜制备的电致变色器件表现出了非常稳定的电致变色行为，而且可以通过 Ag 和 $W_{18}O_{49}$ 纳米线组装结构的改变来调控其电致变色性能。与基于氧化铟锡的传统器件相比，该电致变色膜具有非常优异的机械稳定性，即使经过 1000 次以上弯曲疲劳测试（$r=1.2cm$）仍保持很高的导电率（$\Delta R/R\approx8.3\%$）和电致

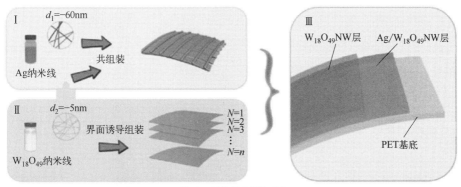

(a) 柔性透明导电薄膜制备示意

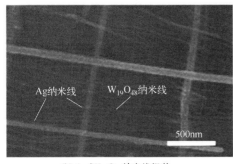

(b) Ag/$W_{18}O_{49}$纳米线组装

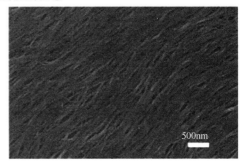

(c) $W_{18}O_{49}$层纳米线

图 7-2　纳米线组装的柔性透明导电薄膜

变色性能（90％的保持率）。

（3）以具有特性的生物材料成分为功能单元开展仿生材料设计

仿生功能材料的第三种设计方法，是以具有某种特性的生物材料成分为功能单元，直接利用生物功能单元或者与人工材料相结合，形成仿生功能材料。在这类仿生功能材料的设计与功能展现过程中，生物材料功能单元发挥着重要的作用。现今，研究者利用这些生物功能单元，如植物的木质素、纤维素、植物碳、植物基体等，动物的细胞、肌肉、组织、器官、蛋白、胶原等，微生物的本体与群体等，合成了许多新型的功能材料。例如，蜘蛛丝是具有极好的强度与弹性的材料之一，但饲养蜘蛛来获得蜘蛛丝是非常不切实际的。美国麻省理工学院的研究者设计了一种使用蚕丝制造几乎具有和蜘蛛丝一样强度的纤维的方法并制造了仿生再生丝纤维。研究者首先化学溶解蚕茧，但仅限于某一点，它们的分子结构保持不变，导致丝纤维分解成微丝状结构，称为微原纤维，随后将溶液通过小开口挤出，使这些微纤维重新组装成单根纤维。该纤维称为再生丝纤维，强度是普通蚕丝的 2 倍，如图 7-3 所示[3]。研究者把这个过程比作拆除一栋砖房，但是需把每个砖都留下来。研究者除将这些再生丝纤维织造成纺织品外，还制成了网状、管状、卷状和片状等功能材料，如图 7-4 所示。蚕丝具有天然的生物相容性，可应用于医用缝合线、新组织生长的脚手架，还可以通过涂覆一层碳纳米管来制成导电的材料等。

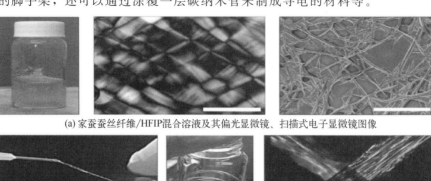

(a) 家蚕蚕丝纤维/HFIP混合溶液及其偏光显微镜、扫描式电子显微镜图像

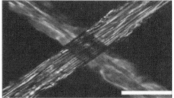

(b) 简易生物纺纱过程　　(c) 纺纱成品　　(d) 纺丝材料的电子显微图像

(e) 电子显微镜下的生物纺丝俯视图、微观俯视图及横截面图

图 7-3　仿生再生丝纤维制备过程

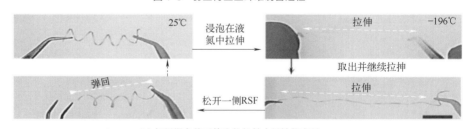

(a) 超低温条件下的生物纺丝力学性能表现

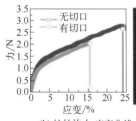
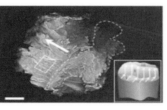

(b) 纺丝的力-应变曲线　　(c) 纺丝拉伸断裂后缺口的电子显微横截面

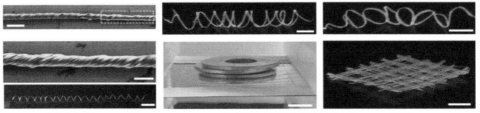

(d) 葫芦藤状的螺旋型纺丝　　　　(e) 紫外照射下的发光纺丝材料及其2D、3D结构图

图 7-4　仿生再生丝纤维制成不同的功能材料

　　无论是采用何种设计方法，仿生功能材料的设计主旨皆是体现独特和强大的功能，是实现以功能为主导的材料设计。大自然优化出的许多功能特性，为人类科学技术创新带来了意想不到的灵感。现今，仿生功能材料，如仿生超浸润材料、仿生黏附材料、仿生耐磨材料、仿生抗疲劳材料、仿生强韧材料、仿生变色材料、仿生吸声降噪材料等，拥有着巨大的发展与应用潜力，更为重要的是，这些材料的开发促进了功能材料创新能力的大大提升。

7.2　仿生超浸润材料

　　固液气是物质存在的三种基本形态，固体表面的浸润性不论对动植物的生存，还是对人类日常生活都有着重要的意义，特别是拥有特殊极端浸润性的表面格外引人注目。材料表面的浸润性主要由表面几何微观结构和表面化学组成共同决定。受自然界中拥有极端浸润性现象的启发，人们尝试着通过构建分级粗糙结构或修饰一层化学分子层来改变各种材料的浸润性。时至今日，成千上万的超浸润表面被人工制备出来，以中国科学院化学研究所江雷院士团队、香港城市大学王钻开教授团队、德国波恩大学的 B. Wilhelm 教授团队等为代表的国内外广大研究群体在固液气界面材料研究领域建立了坚实的理论和应用基础，并取得了丰硕的研究成果。

　　自然界中诸多植物和动物本征浸润现象的发现，加速了人工超浸润体系的发展，生物极限浸润状态的种类不断增加，包括空气中的超疏水、超亲水、超亲油、超疏油、超双亲、超双疏；水中的超亲油、超疏油、超疏气、超亲气；油中的超疏水、超亲水、超疏气、超亲气等，如图 7-5 所示[4]，同时，这些浸润状态还可以实现智能转换。通过学习自然来设计仿生超浸润系统，是构建超浸润材料最有效的策略。一般来说，仿生超浸润材料设计主要与三个方面相关：一是，表面微纳米多级结构设计，是决定材料是否具有超浸润特性的关键因素；二是，微纳米结构的排列和取向设计，是决定浸润状态和液体运动的关键因素；三是，表面液体的本征润湿阈值，是决定液体在粗糙表面的超浸润性能的关键。超浸润材料体系的设计可以扩展到不同维度的界面材料，譬如0D颗粒、1D纤维和通道、2D结构表面、3D多孔材料以及膜等多尺度功能材料等，都可以通过集成不同维度的超浸润材料制备得到，如图7-6所示[4]。通常，在空气/液体/固体或液体/液体/固体三相体系中进行多种化学反应和微纳制造，如多相催化、电化学沉积、薄膜制备和图案化等，是超浸润材料的主要制备手段。

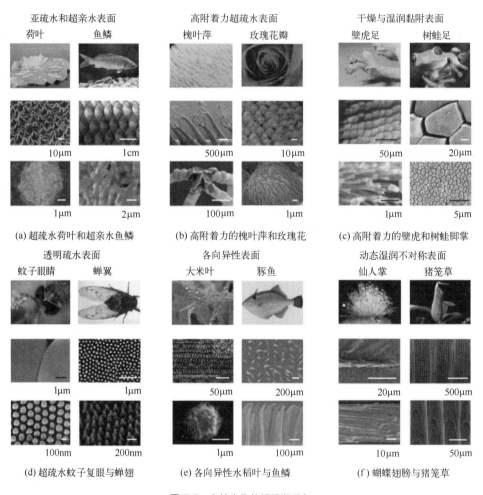

图 7-5　自然生物的超浸润现象

超浸润材料由于其独特的润湿性能，以及润湿性能的二元协同或者组合，在自清洁、防腐蚀等日常生活中具有重要应用，并对社会产生重大影响。仿生超疏水自清洁表面被应用于社会生产的各个领域，包括水相转变、太阳能、防雾、防冰、雾水收集、水油分离、自清洁涂层等，在这一方面，以江雷院士团队与 B. Wilhelm 教授团队等为代表的研究成果不胜枚举。

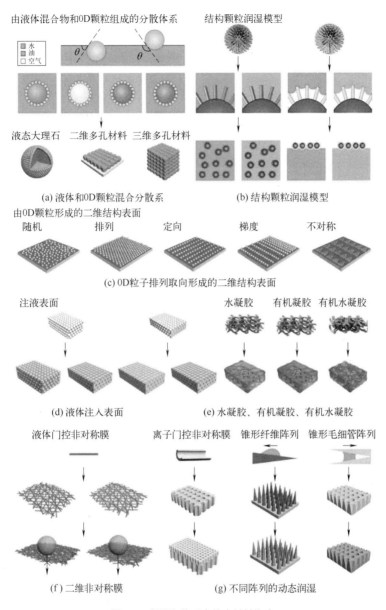

由液体混合物和0D颗粒组成的分散体系　　结构颗粒润湿模型

液态大理石　二维多孔材料　三维多孔材料

(a) 液体和0D颗粒混合分散系　　　　(b) 结构颗粒润湿模型

由0D颗粒形成的二维结构表面

随机　　排列　　定向　　梯度　　不对称

(c) 0D粒子排列取向形成的二维结构表面

注液表面　　　　　　　　　水凝胶　有机凝胶　有机水凝胶

(d) 液体注入表面　　　　(e) 水凝胶、有机凝胶、有机水凝胶

液体门控非对称膜　　离子门控非对称膜　锥形纤维阵列　锥形毛细管阵列

(f) 二维非对称膜　　　　(g) 不同阵列的动态润湿

图 7-6　超浸润体系多维度材料构建

　　例如，在雾水收集方面的超浸润材料研究工作中，随着科学家们不断的探索，自然界中可以高效收集雾水的生物被越来越多地研究，而针对"雾滴收集、液体输运、水分富集"的机理也被逐渐揭示，并指导科研工作者设计新颖的仿生雾水收集界面及器件。其中，最为著名的要数可以在沙漠雾气中获取水分的甲虫、仙人掌和蜘蛛丝等，如图 7-7 所示[5]，这些生物亲疏水结合的雾气收集方式让科学家们获得了极大灵感——亲水区域高效捕获雾滴、疏水区域快速传输液体。通过在平面上构

建并做出亲疏水结合的图案，科研工作者也进一步实现了此类仿甲虫结构的雾/露水收集界面，例如集水织、集雾板材、精密冷凝器件等。受仙人掌疏水锥刺[6] 和亲水绒毛[7] 的启发，一系列基于锥形疏水针刺阵列，以及亲疏水协同结构的雾水收集器件被设计出来。这些仿生雾水收集器件不仅可以高效捕获液滴，还能够定向输运液体，实现淡水的贮存等，推动了此类仿仙人掌集雾界面向实际应用进发。受蜘蛛丝启发，江雷院士团队设计出了模仿蜘蛛丝结构特征的人造纤维，并且制备了一系列带有纺锤结构的人造蜘蛛丝[8]。通过巧妙地设计表面纳米结构和计算推导，证明通过优化纤维表面的曲率，加以化学和粗糙度梯度的配合，就可以实现微小液滴的可控输运。这项研究将为设计智能定向驱动微小液滴和高效雾水收集提供一种新的思路。

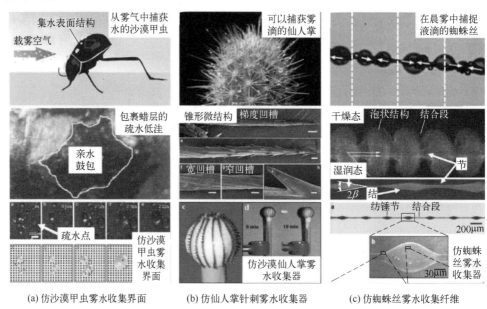

(a) 仿沙漠甲虫雾水收集界面　　(b) 仿仙人掌针刺雾水收集器　　(c) 仿蜘蛛丝雾水收集纤维

图 7-7　雾水收集仿生材料设计

相对于超疏水浸润材料，超疏油浸润材料的研究起步较晚[9,10]。不被有机液体浸润的超疏油表面的制备更加困难，这主要是因为油和其他有机液体的表面张力远小于水。与超疏水表面类似，由于具有在防油涂层、自清洁、油水分离、微油滴操控、化学屏蔽、防堵塞、油捕捉、抗生物黏附等方面的潜在应用，有关超疏油表面的研究在国际上逐渐获得了越来越多的关注。2007 年，Tuteja 等人提出并证明了凹角结构对于实现超疏油的重要性，该结构是除了极低表面自由能和粗糙微纳结构之外的第三要素。凹角结构一般拥有"头大脚小"的微纳特征，如蘑菇形状。凹角结构概念的提出，极大地加速了该研究领域的发展。2009 年，江雷院士等人揭示了鱼在水中不被油污所污染的内在机制。水会浸润鱼鳞并被俘获在鱼鳞表面的粗糙微结构中，该浮水层能够排斥油，从而赋予鱼鳞水下超疏油的特性，该发现开启了另一条在水下实现超疏油的新道路。随后，研究人员在空气中或在水下制备出各种各样的超疏油表面。然而，单一的超疏油性并不能完全满足实际应用的需求，赋予超疏油表面多功能性（如可控油黏滞、各向异性油润湿、透明性、稳定性、自修复性等）和智能可调性（对外界光、pH、温度、电势、磁场、水溶液浓度等发生可逆刺激响应）成为了该研究领域的主要趋势[11]。例如，美国威斯康星大学的研究者使用支链聚乙烯亚胺、乙烯基-4，4-二甲基氮杂内酯逐层组装形成多孔聚合物，然后将其浸入D-葡萄糖胺中进行亲水基修饰，最终形成了一种可在水下和其他极端环境下斥油的仿生超疏油材料，如图 7-8 所示[12]。研究人员在玻璃片上涂覆了一层这种超疏油膜并用砂纸打磨了涂层的一部分，与未打磨的部分相比，受损的涂层仍旧持有疏油性，油滴在其上继续保持椭圆状。用以下几种方式对材料进行破坏，包括将其放入沸水、刮花其表面、对其进行冷冻、置于含有蛋白质和其他活性剂的环境中、在其表面粘上绝缘胶布后再撕掉等，然而材料依然能够保持超疏油性。这种在极端环境下的超浸润性材料，在物质分离领域极具潜力，可能会产生新型保护涂层及清理漏油的更优办法。

图 7-8　水下斥油聚合物涂层材料

除此之外，不断发展的超浸润体系也逐渐开辟了大量新的领域，在热传递、液相传输、细胞捕获、防生物污垢、生物黏附、智能控制表面、气泡吸附、绿色打印、传感、能源转化、渗透膜材料等领域也展现出了显著的潜在应用。

例如，在控制生物黏附方面，材料表面细胞黏附的控制对于了解体内细胞行为和各种生物应用是非常重要的，在细胞黏附期间，一些细胞，如上皮、淋巴和癌细胞，通过纳米尺度的突起主动接触材料表面。因此，润湿性和表面形貌可以通过细胞间相互作用和尺寸匹配效应调节细胞黏附。如超亲水性纳米线阵列显示了选择性捕获循环肿瘤细胞的同时抑制正常血细胞黏附的能力。此外，细胞亲和抗体的修饰进一步增加了所需细胞捕获的能力。当纳米结构表面用刺激响应分子或聚合物修饰时，可以使用精确控制的外部刺激（如 pH、温度或葡萄糖浓度）可逆地捕获和释放靶向的癌细胞。此外，人们对于把超疏水表面和诸如太阳能电池以及纳米发生器之类的能量转换装置相结合，表现出了相当浓厚的兴趣。太阳能电池通常需要具有多功能特性（即高透明度、抗反射和超疏水性能）的表面，在自然中，存在许多其中表现出类似性质组合的实例，如蝉翼和蛾复眼的表面，它们的表面同时具有超疏水性和抗反射性能。在实际环境中，太阳能电池的功率效率因阻挡阳光的灰尘颗粒的沉积和积聚而减少，已经证明超疏水表面的自清洁性能在减轻这种影响方面是有效的。

此外，近年来，智能控制超浸润表面的润湿性引起了人们的广泛关注，与调节表面化学性质等传统策略相比，调节表面微观结构控制超湿表面的润湿性更为困难，尽管它可以带来许多新功能。研究者们发现基于形状记忆聚合物的形状记忆效果，可以更容易且精确地控制表面微观结构[13]。为了满足不同应用和更复杂的智能设备中的需求，对表面润湿性能的智能控制是非常有必要的。实际上，研究人员一直在努力实现智能的表面润湿控制，并且几乎所有以往的工作都聚焦于在外部对弹性聚合物进行拉伸、弯曲或者在弹性聚合物上施加磁力来调节微结构。但是，在这些工作中，仍然难免存在一些缺陷，而形状记忆聚合物能够在各种外部刺激下记忆并显示各种形状，最终可以获得多种智能表面微观形貌、润湿性能和应用。通过调节形状记忆微结构来调节动态表面润湿性，实现智能动态润湿控制。近年来，在超疏水表面上弹跳的液滴越来越引起人们的关注，基于形状记忆结构，可以在不同状态之间智能地控制各种液滴的弹跳特性；通过在超疏水形状记忆材料表面上引入/去除特殊的微观结构特征，还可以控制某些特殊的润湿特征，实现各向异性润湿、梯度润湿及液滴选择性控制等，如图 7-9 所示。

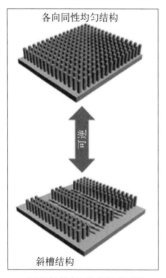

(a) 均匀排布与沟槽排列表面

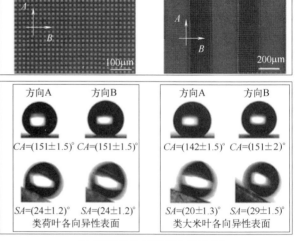

(b) 表面结构的电镜图及润湿性示意

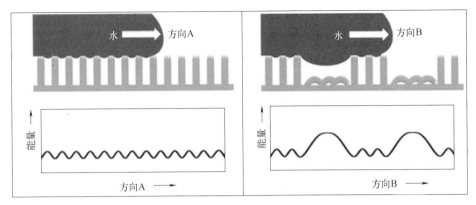

(c) 沟槽结构表面上沿两个方向的液/水接触态和能垒示意

图 7-9　形状记忆超浸润材料各向异性润湿控制策略

尽管人们在探索仿生超浸润材料的应用和制造方面取得了很大进展，但仍有一些困难的挑战要克服。目前，许多超浸润材料一旦放在真实环境中，浸润性远没有在实验室内高效，另外，在表面受损、超高温、冰冻、流体压力或剪切、多溶剂介质等极端环境下更是无法发挥作用，因此，深入研究极端环境下材料的浸润性，进一步加强超浸润材料的机械稳定性和化学稳定性，是一项极具挑战和极有潜力的工作，也是仿生超浸润材料真正推广应用需要攻克的瓶颈难题。

7.3　仿生变色材料

自然界中许多生物，能随着阳光、季节、环境、生理机能的变化而变色，如花朵、蟳、蝴蝶、复眼昆虫、蠕虫、甲虫、蛾、章鱼、乌贼、鳌虾、比目鱼、变色龙、贝壳等[14-17]，这些生物通过独特的物理结构与化学反应可以随周围环境及条件变化而改变自身颜色，将其更好地伪装起来，如图 7-10 所示。人们通过模仿生物变色结构与化学反应原理，开发出了许多仿生变色材料，在光电、通信、电子等众多领域具有重要的应用。

在自然界中，不同生物的成色奥秘要么是体内存在明确的色素，称为色素色，其原理是色素物质对光的吸收或反射后直观呈现出的颜色，如变色龙、鱿鱼、章鱼、墨色等变色原理；要么是生物体亚显微结构所导致的一种光学效果，被称为结构色，如蝴蝶翅膀、昆虫复眼等生物体表面或表层的嵴、纹、小面或颗粒能使光发生折射、散射、反射、衍射或干涉而产生的各种颜色效应，具有色彩鲜艳、饱和度高、清洁环保、永不褪色、颜色可控、偏振可调等众多优势。

其中，在仿生色素变色材料研究中，最为著名的生物模本要数变色龙、乌贼、

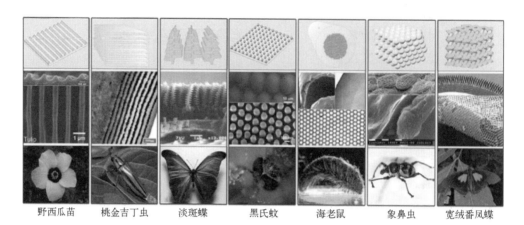

| 野西瓜苗 | 桃金吉丁虫 | 淡斑蝶 | 黑氏蚊 | 海老鼠 | 象鼻虫 | 宽绒番凤蝶 |

图 7-10 不同生物的变色结构

章鱼、水母等。自然界中，变色龙可以根据外界环境随心所欲地改变皮肤颜色（如图 7-11 所示）[18]，乌贼和章鱼等头足类动物能够实时改变身体颜色和图案，从而实现与周围环境完全融为一体的动态伪装。这些变色得益于皮肤中的两种细胞：色素细胞以及能扩大和收缩的反光细胞。色素细胞含有不同颜色的色素，在神经刺激下会使不同色素在各层之间交融变换，实现颜色变化。反光细胞内含有周期性排列的纳米晶体结构，因此，呈现光子晶体结构色，皮肤的收缩或扩张可以改变纳米晶格间距，从而选择性地反射不同波长的光，达到变色伪装的目的，扩大和收缩的程度就决定了被反射的光波长的变化程度。受自然界变色龙、章鱼等变色的启发，科学家们发展了一系列有效的色素调控策略，即在外界刺激（如机械力或电场等）作用下，通过材料的收缩或扩张改变表面微观结构或色素颗粒排布，从而调控变色。例如，中国科学院深圳先进院的研究团队模仿变色龙变色原理，采用周期性微纳颗粒阵列为模板，将丙烯酸酯类预聚单体浇筑到模板中并聚合固化，随后移除微纳颗粒模板，即可获得具有周期性微纳孔洞的聚丙烯酸酯（PTMPTA）。正是由于独具匠心的多孔结构设计，使得这类薄膜在溶剂氛围中实现快速的颜色变化（仅需 0.2 s 即可实现反射光谱红移 37 nm），这是因为纳米尺度多孔结构能促进溶剂蒸气的吸附与冷凝，进而快速溶胀聚丙烯酸酯分子并改变周期性微纳孔洞间距，从而实现颜色快速变化。研究者把这类快速变色与变形的材料设计成风车、花朵，当环境中溶剂蒸气浓度变化时，这类风车与花朵即可呈现出动态的运动与变色，如图 7-12 所示[19]，这类肉眼可见的变色可用于检测身体健康状况及环境污染情况等。又如，美国康涅狄格大学的研究者受章鱼和水母变色原理启迪，开发出一种通过外力感应的"力致变色"材料，利用机械力导致的表面纹理（如裂缝和褶皱）的变化来控制染料的面积或者表面的粗糙度，进而实现了光学性能的变化[20]，如图 7-13 所示。这些"力致变色"仿生材料成本低，可逆性和敏感性优异，重复拉伸释放 5 万次后

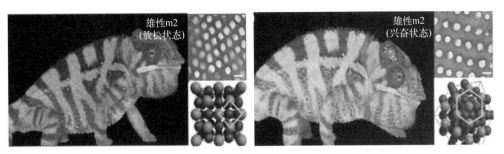

图 7-11　变色龙变色原理

仍然保持原有的力致变色性能，具有广泛应用的潜在价值，可被应用于智能门窗、动态光开关、应变传感器和物理加密等众多领域。

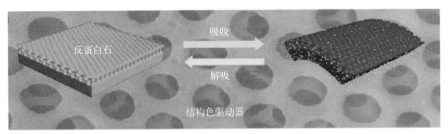

(a) 结构色聚合物的结构色改变机理示意

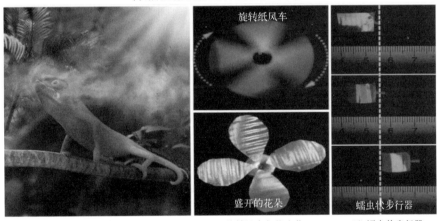

(b) 变色龙变色过程　　(c) 旋转风车与仿生花　　(d) 蠕虫状步行器

图 7-12　仿变色龙变色材料

仿生结构变色材料的设计多是基于在原材料上直接构建微观结构，利用材料表面微小结构对光束的影响，实现不同颜色的呈现，特别是呈周期排列的微小结构单元，还可实现对光场的偏振调控，类似于让散射的光子"手拉手"，一起朝规定的方向振动，形成材料独有的"光学指纹"，使材料表面所散射的光波得以灵活调控。仿生变色材料常见的制造技术包括电子束光刻法、磁控溅射射频法、真空纳米蒸镀

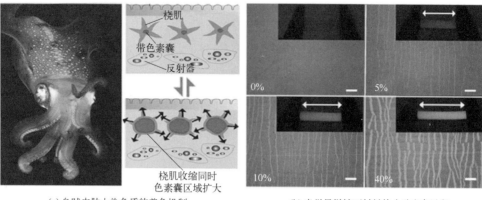

桡肌 带色素囊 反射器 桡肌收缩同时 色素囊区域扩大	

(a) 乌贼皮肤上染色质的着色机制

(b) 光学显微镜下材料的力致变色过程

图 7-13　仿章鱼拉伸后可以实现荧光发光变色材料

法、溶液涂布法及物理沉积法等。这些加工方法，完全摒弃了利用染缸或涂料传统上色的方式，并且通过改良原材料的性质，不仅可长时间保持原有光泽，还可使结构色更加持久地应对强光辐射、酸碱腐蚀等恶劣环境。仿生变色材料作为一种颠覆性的色彩呈现技术，在印刷、显示、喷涂、防伪等领域具有广阔的应用前景，在国防和军事领域更是潜力巨大。随着人们对光的深刻认识以及现代微纳尺度加工技术的成熟，这一被科学家称为颠覆性色彩呈现技术的仿生结构变色材料，展现出了神奇而迷人的科学光芒。

在众多的结构变色模本中，鳞翅目蝴蝶科繁多，不同科的蝴蝶翅膀鳞片微观结构各不相同，这些细微差别，对光线的折射和反射产生的效果也不同，从而造就了蝴蝶翅膀产生不同的色彩，也为工程仿生变色材料设计提供了不同的灵感，开发出了不同的仿生变色制品。例如，燕尾蝶的翅鳞由类似鸡蛋外包装纸盒一样凹凸的微结构组成，其中角质层和空气层交错出现，从而在光线照射至该结构时产生了浓烈的色彩。燕尾蝶翅鳞上的绿色闪耀的斑块便是大自然在光学设计方面独具匠心的最好例证，在光学仪器下这些斑块呈现出明艳的蓝色，但肉眼看来其显示为绿色，如图 7-14 所示[21]。英国剑桥大学的研究者利用纳米制造工艺制造了与燕尾蝶翅鳞具

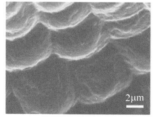

(a) 燕尾蝶翅鳞

(b) 翅鳞微观结构

(c) 光在翅鳞片上反射原理示意

图 7-14　燕尾蝶翅鳞结构与光反射原理示意

有相同凹凸的结构的仿生材料，当受到光线照射时，会产生如蝴蝶翅膀般的艳丽色泽，如图 7-15 所示。正是由于这些模本既有共性又有突出个性的特点，为人们提供了更多的灵感，也为人们在一种仿生变色材料的设计中展现出了多种变色效果。

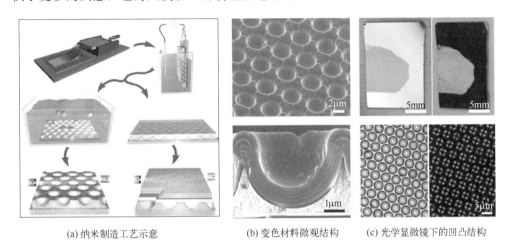

(a) 纳米制造工艺示意　　　　(b) 变色材料微观结构　　(c) 光学显微镜下的凹凸结构

图 7-15　仿燕尾蝶变色材料

自然界的动植物在变色材料的合成与应用中绝对是"顶尖高手"，它们无一不在利用微纳米结构的调控实现对材料光学性能的改善，创造出了我们至今无法企及的光学材料，为人类合成仿生变色材料提供了天然的参考。

7.4　仿生超强韧材料

矿物质和蛋白质是构成自然界中生物材料的主要成分，但是矿物质和蛋白质两种材料本身的断裂强度和韧性都非常低。例如，人体的皮肤主要是由蛋白质构成的，摸起来十分柔软，构成牙齿和骨头的矿物质通常都非常脆。这些个体由并不强韧的材质组合在一起时，却能形成刚度、强度和韧性都好的材料，承担着自然界给予它的各种载荷。大自然是怎样用力学性能非常差的原料，合成强度和韧性都非常高的生物复合材料呢？带着这些疑问与思考，人们效仿自然，开始了仿生超强韧材料的设计与合成。

在自然界中，生物体能够智能、有效地生长出无机矿物质和有机物，进而生成具有高强度和高断裂韧性的天然矿化复合材料，如牙齿、贝壳或节肢动物外骨骼等。研究表明，天然超强韧材料之所以表现出远超其矿物组分的力学性能，主要得益于两个因素：一，天然复合材料中往往含有很高比例的脆性矿物质材料和少量的有机基质材料；二，这些矿物质形成有序的微观结构，使复合材料有效地阻止和抑制裂纹的扩展。例如，螳螂虾前臂极其强韧，能够凿开坚硬的贝壳，这是因为螳螂虾前臂内部的矿物质呈螺旋形层状结构排布的 Bouligand 结构，该结构可以扭转裂纹走向，从而有效地增强材料整体的损伤阻抗和能量吸收能力。虽然自然界的生物材料能够使矿物质的高含量与形成有序的微观结构两者兼具，但使用人工方法制造仿生超强韧材料让两者共存却是一项巨大的挑战，也是人们研究的热点。

天然的生物材料是经过亿万年进化而形成的，结构与功能已经达到完美程度。在众多的天然生物材料中，贝壳珍珠层因独特的结构、极高的强度和良好的韧性而受到广泛的关注，已成为制备轻质、高强、超韧功能材料的典型结构模型。近年来，受珍珠层独特的多尺度、多级组装结构启发，国内外学者已研发出许多先进制造技术，制备出一系列仿生高强、超韧复合功能材料。现今，人工珍珠层超强韧材料仿生制备领域亦取得了重大进展，各种制备方法被相继提出。其中，自下而上的组装策略，如层层自组装、蒸发引诱自组装、喷涂组装等，已在二维薄膜型仿珍珠层材料的制备方面，表现出简便、灵活、高效、可扩大化制备的特点；近年来发展的方法包括溶液蒸发组装法、冰模板法、结合陶瓷烧结、磁场诱导组装、3D 打印、原位矿化生长等技术，在高性能三维人工珍珠层材料的仿生设计方面获得了重大突破。

基于贝壳结构，科学家们成功地研制出了多种轻质、高强仿生功能复合材料，而自然界另一个具有超强韧功能典范的模本——蜘蛛丝也同样引起了国内外研究者的关注。坚韧如钢、交错如织的蛛丝无疑是大自然的神奇造物。众所周知，构成蜘蛛网的蜘蛛丝具有很高的强度、弹性、柔韧性、伸长度和抗断裂性能，其优异的综合性能是包括蚕丝在内的天然纤维和合成纤维所无法比拟的[22]。蜘蛛丝之所以具有如此优异的性能主要归功于其独特的网络结构，蜘蛛丝本身是一种由无序蛋白质包覆有序蛋白质的"皮芯"结构，这种特殊的由"无序结构"包覆"有序结构"的方式，使其在拉伸过程中既具有高的强度又保持了良好的韧性；在蜘蛛网的结点处还包覆着一种特殊的蛋白质，使其在受到拉伸作用时不会产生相对滑动；同时，蜘蛛丝表面还包覆着一种黏性蛋白质的纺锤结，这种黏性蛋白质能使蛛丝与猎物牢牢结合，从而大大提高捕猎效率[23,24]。因此，蜘蛛丝一直是材料科学家们热衷模仿的材料，它有着比钢铁更高的坚固度，又富有强韧性，在工程、国防、建筑、医学等领域具有广阔的应用前景。

武汉大学的研究者仿造蜘蛛丝的多层结构，以普通单壁碳纳米管网络结构作为骨架，外面镶嵌 Fe 纳米颗粒，最后在表面包覆一层非晶碳。包覆的碳层不仅与单壁碳纳米管形成了蜘蛛丝所特有的无序材料包覆有序丝线的"皮芯"结构，而且还能使连接结点处更加牢固。另外，镶嵌的 Fe 纳米颗粒如同蜘蛛丝的纺锤结，能够使仿生蜘蛛丝单壁碳纳米管在与有机物结合后不易产生相对滑动，如图 7-16 所示[25]。将仿生蜘蛛丝单壁碳纳米管薄膜制成聚甲基丙烯酸甲酯/仿生蜘蛛丝单壁碳纳米管薄膜/聚甲基丙烯酸甲酯夹层胶片材料进行力学性能测试，与普通网状单壁碳纳米管相比，仿生蜘蛛丝单壁碳纳米管的杨氏模量提高了近 2 倍，而拉伸强度提高了 3 倍多，如图 7-17 所示。同时，仿生蜘蛛丝单壁碳纳米管薄膜还保留了原单壁碳纳米管薄膜的高导电率和高透光率。

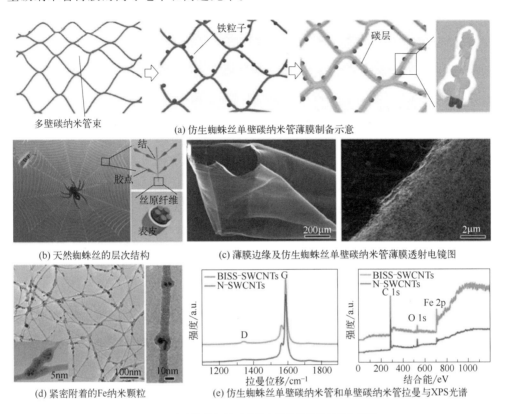

多壁碳纳米管束　　铁粒子　　碳层

(a) 仿生蜘蛛丝单壁碳纳米管薄膜制备示意

结　胶点　丝原纤维　表皮

(b) 天然蜘蛛丝的层次结构

200μm　2μm

(c) 薄膜边缘及仿生蜘蛛丝单壁碳纳米管薄膜透射电镜图

5nm　100nm　10nm

(d) 紧密附着的 Fe 纳米颗粒

BISS-SWCNTs G　N-SWCNTs　强度/a.u.　D　拉曼位移/cm⁻¹

BISS-SWCNTs　N-SWCNTs　C 1s　O 1s　Fe 2p　强度/a.u.　结合能/eV

(e) 仿生蜘蛛丝单壁碳纳米管和单壁碳纳米管拉曼与 XPS 光谱

图 7-16　仿生蜘蛛丝单壁碳纳米管薄膜的微结构和形貌

$1eV = 1.602176634 \times 10^{-19} J$

石墨烯是超强韧的人造材料之一，而蜘蛛丝是超强韧的天然材料之一，意大利特伦托大学的研究者将二者结合起来制备出了超强蜘蛛丝材料。对蜘蛛丝喷涂石墨烯和碳纳米管微粒，发现这些微粒会使蜘蛛丝变得更结实，这种人造蜘蛛丝的强度会达到自然蜘蛛丝的 3.5 倍[26]，可用于制造透明导电材料、生物医学传感器，甚至超轻、高硬度飞行器。此外，蜘蛛丝结构蛋白是天然的积木，可以聚集起来形成生物系统所需的丝状结构，同时具有一定的硬度、结构和功能。在自然体系中，许多结构蛋白都可以直接地自组装产生很多复杂、多层的结构，展现出优异的力学性能。美国塔夫茨大学的研究者根据蜘蛛丝蛋白自组装结构，使用再生蚕丝蛋白，通过蛋白质自组装和微观机械约束的双重作用，实现了在预先设计好的宏观结构中形成定向的、多孔的纳米纤维网络。这些材料可以达到预定的物理力学性能，并可以满足从微观到宏观的需求，质量为 2.5mg 的纳米纤维网状结构能够承载 11g 的载

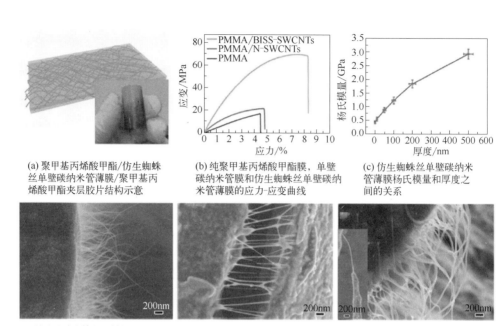

(a) 聚甲基丙烯酸甲酯/仿生蜘蛛丝单壁碳纳米管薄膜/聚甲基丙烯酸甲酯夹层胶片结构示意

(b) 纯聚甲基丙烯酸甲酯膜，单壁碳纳米管膜和仿生蜘蛛丝单壁碳纳米管薄膜的应力-应变曲线

(c) 仿生蜘蛛丝单壁碳纳米管薄膜杨氏模量和厚度之间的关系

(d) 单壁碳纳米管复合材料断裂形貌

(e) 仿生蜘蛛丝单壁碳纳米管薄膜复合材料断裂形貌

图 7-17 聚甲基丙烯酸甲酯/仿生蜘蛛丝单壁碳纳米管薄膜/
聚甲基丙烯酸甲酯复合膜的力学性能

荷，具有超强的力学性能，如图 7-18 所示[27]。通过自组装过程可以实现从纳米尺度到宏观尺度的控制，对于合成完整的、高适应性的材料和系统来说，这是一种非常有效的方法。

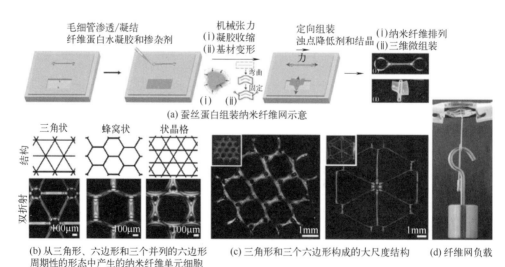

(a) 蚕丝蛋白组装纳米纤维网示意

(b) 从三角形、六边形和三个并列的六边形周期性的形态中产生的纳米纤维单元细胞

(c) 三角形和三个六边形构成的大尺度结构

(d) 纤维网负载

图 7-18 蚕丝蛋白纳米纤维组装

参考文献

[1] Ge J，Zong D，Jin Q，et al. Biomimetic and superwettable nanofibrous skins for highly efficient separation of oil-in-water emulsions [J]. Advanced Functional Materials，2018，28 (10)：1705051.

[2] Wang J，Lu Y，Li H，et al. Large area co-assembly of nanowires for flexible transparent smart windows [J]. Journal of the American Chemical Society，2017，139 (29)：9921.

[3] Ling S，Qin Z，Li C，et al. Polymorphic regenerated silk fibers assembled through bioinspired-spinning [J]. Nature Communications，2017，8 (1)：1387.

[4] Liu M，Wang S，Jiang L. Nature-inspired Superwettability Systems [J]. Nature Reviews Materials，2017，2 (7)：17036.

[5] Bai H，Zhao T，Cao M. Interfacial solar evaporation for water production：from structure design to reliable performance [J]. Molecular Systems Design & Engineering，2020，5 (2)：419-432.

[6] Liu Y，Liu J，Chen C. Preparation of a bioinspired conical needle for rapid directional water transport and efficient fog harvesting [J]. Industrial & Engineering Chemistry Research，2023，62 (27)：10668-10675.

[7] Wan Y，Lian Z，Hou Y，et al. Bio-inspired slippery surfaces with a hierarchical groove structure for efficient fog collection at low temperature [J]. Colloids and Surfaces，A. Physicochemical and Engineering Aspects，2022，643：128722.

[8] Liu H，Wang Y，Yin W，et al. Highly efficient water harvesting of bioinspired spindle-knotted microfibers with continuous hollow channels [J]. Journal of Materials Chemistry A，2022，10 (13)：7130-7137.

[9] Gao X，Jiang L. Water-repellent legs of water strider [J]. Nature，2004，432 (7013)：36.

[10] Kota A K，Tuteja A. Superoleophobic surfaces [J]. ACS Symposium Series，2012，1106：171-185.

[11] Ming W，Leng B，Hoefnagels H F，et al. Superoleophobic surfaces [J]. Chemical Society Reviews，2017，46 (14)：4168-4217.

[12] Manna U，Lynn D M. Synthetic surfaces with robust and tunable underwater superoleophobicity [J]. Advanced Functional Materials，2015，25 (11)：1672-1681.

[13] Cheng Z，Zhang D，Luo X，et al. Superwetting shape memory microstructure：smart wetting control and practical application [J]. Advanced Materials，2021，33 (6)：2001718.

[14] Zhao Y J，Xie Z Y，Gu H C，et al. Bio-inspired variable structural color materials [J]. Chemical Society Reviews，2012，41 (8)：3297-3317.

[15] Zylinski S，Johnsen S. Mesopelagic cephalopods switch between transparency and pigmentation to optimize camouflage in the deep [J]. Current Biology，2011，21 (22)：

1937-1941.

[16] Rassart M，Colomer J F，Aberrant T T，et al. Diffractive hygrochromic effect in the cuticle of the hercules beetle dynastes hercules [J]. New Journal Physics，2008，10 (3)：033014.

[17] Han Z W，Mu Z Z，Li B，et al. Active antifogging property of monolayer SiO_2 film with bioinspired multiscale hierarchical pagoda structures [J]. ACS Nano，2016，10 (9)：8591-8602.

[18] Yang J，Zhang X，Zhang X，et al. Beyond the visible：Bioinspired infrared adaptive materials [J]. Advanced Materials，2021，33 (14)：202004754.

[19] Wang Y，Cui H，Zhao Q，et al. Chameleon-inspired structural-color actuators [J]. Matter，2019，1 (3)：1-13.

[20] Zeng S H，Zhang D Y，Huang W H，et al. Bio-inspired sensitive and reversible mechanochromisms via strain-dependent cracks and folds [J]. Nature Communications，2016，7 (1)：11802.

[21] Kolle M，Salgard-Cunha P M，Scherer M R J，et al. Mimicking the colourful wing scale structure of the Papilioblumei butterfly [J]. Nature Nanotechnology，2010，5 (7)：511-515.

[22] Cranford S W，Tarakanova A，Pugno N M，et al. Nonlinear material behaviour of spider silk yields robust webs [J]. Nature，2012，482 (7383)：72-76.

[23] Askarieh G，Hedhammar M，Nordling K，et al. Self-assembly of spider silk proteins is controlled by a pH-sensitive relay [J]. Nature，2010，465 (7295)：236-238.

[24] Huang X P，Liu G Q，Wang X W. New secrets of spider silk：exceptionally high thermal conductivity and its abnormal change under stretching [J]. Advanced Materials，2012，24 (11)：1482-1486.

[25] Luo C Z，Li F Y，Li D L，et al. Bio-inspired single-walled carbon nanotubes as a spider silk structure for ultra-high mechanical property [J]. ACS Applied Materials & Interfaces，2016，8 (45)：31256-31263.

[26] Chiavazzo E，Isaia M，Mammola S，et al. Cave spiders choose optimal environmental factors with respect to the generated entropy when laying their cocoon [J]. Scientific Reports，2015，5 (1)：7611.

[27] Tseng P，Napier B，Zhao S，et al. Directed assembly of bio-inspired hierarchical materials with controlled nanofibrillar architectures [J]. Nature Nanotechnology，2017，12 (5)：474-480.

第 **8** 章

仿生智能材料

自然界中可供人类模拟的材料模本非常广泛，包括生物材料、生境材料与生活材料等，这些材料无时无刻不在展示其精妙之处，吸引着人类去探索，启迪着人类从大自然广阔视角思考材料科学与工程问题。合理利用这些天然的材料资源，将会为材料仿生设计提供新思路、新思维与新理论。

8.1 仿生智能材料设计原则

自然界的生物为了适应生存环境，总是以最低的物质能量消耗和最精准的感知、信息传输达到对环境的最佳适应性，因此，必然会产生各种各样的智能。生物智能包括运动智能、运算智能、感知智能与认知智能等，其本质是生物自适应，是通过改变自身或环境来找到一个有效适应环境的能力，使个体与所在环境取得平衡。

仿生智能材料是指能感知环境及外部刺激，如温度、酸碱度、光、生物活性分子、场效应（力场、磁场、电场、声场等）等，并做出特定、适应性反馈的材料，这些材料的智能特性主要表现在自诊断感知与反馈、信息积累、识别与传递、驱动控制、自适应、自修复等方面。自然界中，许多生物都能与外界进行各种感知与交互作用，并通过高效、灵敏、灵活地改变自身的形状或运动形式等来适应环境变化。

设计和合成仿生智能材料需要解决许多关键技术问题，如怎样具有感知功能，检测并识别外界（或内部）的刺激强度，如应力、应变、热、光、电、磁、化学或核辐射等；如何具有驱动特性及响应环境变化功能；如何以设定的方式选择和控制响应，并且反应适时、灵敏；如何在外部刺激条件消除后，迅速恢复到原始状态。因此，仿生智能材料体系的合成，应基于生物材料产生的智能原理或材料本身的感知性进行设计，要具备感知、处理和驱动三个基本要素。

例如，许多生物材料在没有能量供给的情况下，能够根据外部环境因素（光、湿度、温度、力等）的改变实现"自驱动"[1]，如松果、野生小麦芒、牻牛儿苗种子芒部、豌豆荚等植物播种器官具有感知环境湿度变化而产生可逆形变的智能自驱动功能。这些植物播种器官智能变形部位由纤维素纤维丝以不同角度嵌入到弹性聚合物基体中形成的复合层状结构组成。弹性聚合物基体材料具备了吸水膨胀和脱水收缩的功能，而嵌入在弹性基体中的纤维丝具有较高的弹性模量且不具备吸水能力，这会导致基体的膨胀或收缩应变在纤维长度方向上受到限制，只能产生于纤维丝的法向方向上，可以通过微纤丝角来调控它们变形的方式与形状。松果凭借这种非对称的双层结构将基体材料吸水产生的膨胀力转化成了弯矩，进而带动鳞片整体弯曲闭合，如图 8-1（a）所示[2]；野生小麦芒的复合结构与松果鳞片十分相似，其盖部细胞的微纤丝角接近 0°，但脊部是由多层具有不同微纤丝角的细胞组合形成的叠层复合材料。当基体材料吸水膨胀时，这种各向异性结构会导致麦芒向内侧可逆弯曲运动，将种子推送入土壤中，如图 8-1（b）所示；牻牛儿苗种子芒部纤维具有非对称偏轴螺旋结构，芒部吸湿后螺旋旋转，实现种子自我播种，如图 8-2 所示[3]。

不仅生物材料具有智能，许多非生命体/系统亦有智能，如大自然沙波纹与水波纹的稳态自组织、自修复能力，河水的涡流杀菌与自洁能力等。因此，模仿大自然一切生命与非生命领域所展现的智能现象、行为、特性与功能的机理与规律，人们开发出了许多仿生智能材料，如仿生智能感知材料、仿生智能驱动材料、仿生智能修复材料、仿生形状记忆智能材料、仿生 4D 智能材料等。

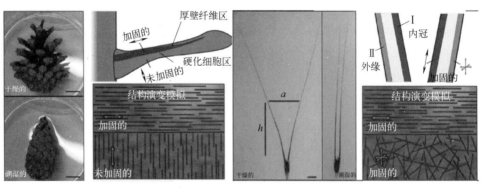

(a) 松果纤维排布　　　　　　　　　(b) 小麦芒纤维排布

图 8-1　松果与小麦芒自感知变形结构

图 8-2　牻牛儿苗种子芒部纤维螺旋结构

8.2　仿生感知与驱动材料

自然界中，许多生物都能与外界进行各种感知与交互作用，并通过高效、灵敏、灵活地改变自身的形状或运动形式来适应环境变化，如松果、含羞草、捕虫草、章鱼、变色龙等，在湿度、温度、光照、触碰等条件下，通过形态改变来响应环境变化，极大提升了生物的环境适应能力和生存能力。生物的这类环境适应行为，也启发了科学家们研究开发可感知外界刺激并动态改变自身形态的新型仿生智能感知与驱动材料。在仿生策略指引下，通过对材料分子功能、微纳结构的合理设计，科学家成功构建了一系列可响应特定刺激并产生形状改变的新型仿生传感与驱动材料。这类仿生材料在诸多领域，特别在是传感器、执行器、柔性机器人、医疗康复、信息电子、武器装备等方面，具备传统材料难以具有的独特优势和巨大潜力。

仿生感知与驱动材料是指模仿大自然生命/非生命系统对各种信息（物理、化学、生物等）的感知、转换、传输与处理等功能特性而开发的能感知环境（包括内环境和外环境）刺激，能够进行分析、处理、判断，并采取一定的措施进行适度响应，且执行相应功能的智能材料，其具有如下内涵：

① 具有感知功能，能够检测并且可以识别外界（或者内部）的刺激强度，如电、光、热、磁、声、应力、应变、pH 值、气体、湿度、辐射等；

② 具有驱动功能，能够响应外界变化，即对不断变化的外部环境和条件，能及时地自动调整自身结构和功能，并相应地改变自己的状态和行为，从而使材料系统始终以一种优化方式对外界变化做出恰如其分的响应；

③ 能够精确地按照设定的方式选择和控制响应；

④ 反应灵敏、及时和恰当，即能够根据外界环境和内部条件变化，适时动态地做出相应的反应；

⑤ 当外部刺激消除后，能够迅速恢复到原始状态。

仿生感知与驱动材料一般由基体材料、敏感材料、驱动材料和信息处理器四部分构成，其中，基体材料担负着承载的作用，敏感材料担负着传感的任务，主要作用是感知环境变化。常用的敏感材料有形状记忆材料、压电材料、光纤材料、磁致伸缩材料、电致变色材料、电流变体、磁流变体和液晶材料等。驱动材料因为在一定条件下要产生较大的应变和应力，所以它担负着响应、控制和信息处理的任务，常用有效驱动材料有形状记忆材料、压电材料、电流变体和磁致伸缩材料等。

作为一种新型材料，仿生感知与驱动材料得到了广泛关注与应用，如光、电、热、磁、声、压力、气体等几大类仿生感知材料是近年来的研究热点。其感知方式的分布与设计主要分为两类。

一种是仿生嵌入式感知材料，即模仿生物系统感知原理，在合成的材料基体中，嵌入具有传感、动作和处理功能的敏感材料，其中，敏感材料采集和检测外界环境给予的信息，控制处理器指挥和激励驱动基体材料，执行相应的动作或功能。例如，美国休斯顿大学的研究者利用热感知响应液晶超弹体智能软材料作为仿生软体机器人的人造肌肉，并集成了可拉伸超薄硅基光探测传感器，实现了软体机器人感知能力，当软体机器人的光探测传感器感知到外界光刺激，对应的软加热器会被开启，从而可以自适应地控制软体机器人局部构型变化和运动，如图 8-3 所示[4]。东华大学的研究者基于环境响应性植物捕蝇草、含羞草感知驱动原理，将具有气体活性的选区取向全氟磺酸树脂复合到惰性的聚对苯二甲酸乙二醇酯 PET 基底上，制备出可以定向舒展/闭合的螺旋驱动器薄膜。将图案化切割后的驱动器薄膜与普

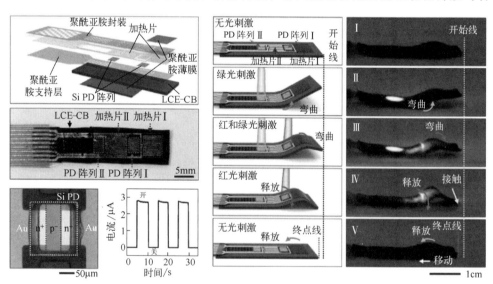

图 8-3　仿生毛毛虫软体生物自感知运动

通纤维纺织品结合，设计出一种具有人体体表温度与湿度调节作用的智能面料，如图 8-4 所示[5]，并将纳米氧化硅微球光子晶体与薄膜复合，开发出自适应变形-变色双响应智能薄膜。

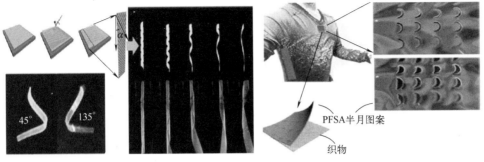

(a) 双层螺旋结构自适应感知动态变形　　　　　　　　(b) 智能面料

图 8-4　人体体表温度与湿度感知与智能调节面料变形过程

　　另一类感知方式的分布与设计是模仿生物材料本身对环境信息自适应的成分特性与结构属性，开发出利用材料自身构建感知、驱动与控制一体化自感知智能材料。这也是仿生感知材料在不断研究和创新开发中的新发展模式，实现了更接近生物智能感知材料的仿生模拟。目前，基于材料自身构建仿生自感知智能材料的研究工作多集中在生物基材料（包括细胞、肌肉、DNA、蛋白质等）、碳基材料（包括石墨、石墨烯氧化物、碳纳米管等）、水凝胶材料、液晶弹性体、介电弹性体、离子聚合物金属复合材料、形状记忆材料等方面。例如，合肥工业大学研究者利用碳纳米管柔性薄膜制备了感知光电的仿生感知材料与器件，可在低电压以及太阳光照射下实现人类"弹指"的手部动作、跳跃运动及模仿花朵开闭等，如图 8-5 所示[6]。中国科学院深圳先进技术研究院的研究者模仿自然界中触之形变植物的构造原理，将表面定向排列微阵列结构与自上而下的梯度交联设计结合，成功实现钙离子交联的海藻酸钠水凝胶感知与可控三维形变。将所得螺旋形水凝胶置于 0.1 mol/L 的 NaCl 溶液中，发现三维螺旋结构会逐渐变形为二维平面结构，最终结构进一步反转形成微通道朝外的反向三维螺旋结构。当反转形变后的三维螺旋结构重新浸泡在 0.1 mol/L 的 $CaCl_2$ 溶液中时，样品会恢复到微通道朝内的初始三维螺旋结构。而且，通过耦合多种不同取向微阵列结构，成功实现了类似 DNA 分子的双螺旋结构及自然界中各种花的复杂三维形状，还成功模拟了仿生花在离子溶液中动态绽放与闭合，如图 8-6 所示[7]。吉林大学的研究团队基于含羞草碰触感知离子驱动变形原理，通过异丙醇辅助的化学镀工艺制造了具有高质量金属电极的离子聚合物金属复合材料（Nafion IPMC），该 Nafion IPMC 仿生电感知与驱动材料不仅同时实现了超快感知响应速度和大的变形性，而且能够模仿花瓣开放、卷须盘绕、翅膀拍打等生物运动，如图 8-7 所示[8]，为未来生物医学设备和仿生机器人领域提供了新的发展方向。

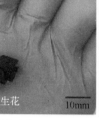
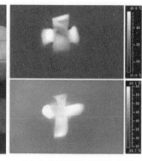

(a) 闭合的仿生花　　　　　　(b) 太阳下仿生花展开　　　　　(c) 仿生花红外辐射温度图

图 8-5　由碳纳米管双层薄膜构成的仿生花

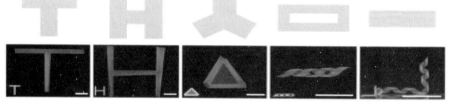

(a) 海藻酸钠水凝胶的多种复杂三维结构图(T形、H形，三通管状结构，双螺旋、串联三螺旋)

(b) 基于海藻酸钠水凝胶的多种仿生花形貌图

(c) 仿生花在离子溶液中动态绽放闭合图

图 8-6　仿生感知与驱动水凝胶材料

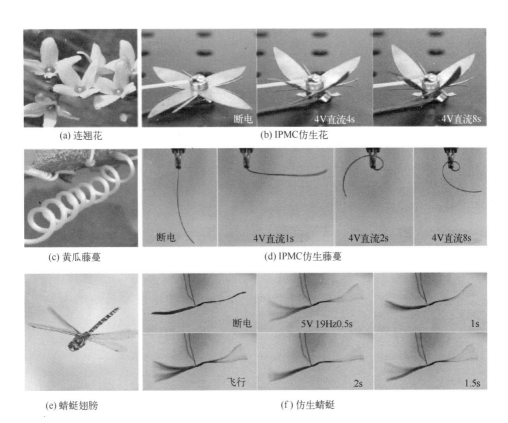

(a) 连翘花　　(b) IPMC仿生花　　断电　4V直流4s　4V直流8s

(c) 黄瓜藤蔓　　(d) IPMC仿生藤蔓　　断电　4V直流1s　4V直流2s　4V直流8s

(e) 蜻蜓翅膀　　(f) 仿生蜻蜓　　断电　5V 19Hz0.5s　1s　飞行　2s　1.5s

图 8-7　仿生感知与驱动离子聚合物金属复合材料

值得一提的是，现今，感知与驱动一体化的仿生智能材料多为柔性材料，与金属类材料相比具有快速感知响应、灵活变形、制造简单、成本低等优势。然而，由于材料本身的属性，许多柔性仿生感知与驱动材料存在输出能量密度低、寿命短、力学性能和制动性能低等不足，这也进一步限制了其实际的应用。未来，将柔性感知驱动组件和刚性框架强强组合，开发混合动力装备，将会成为仿生柔性感知与驱动智能材料一个潜在的发展方向。

介电弹性体驱动器（dielectric elastomer actuators，DEAs）是一类能在电场下发生可逆驱动的人工肌肉，具有大应变、高能量密度和快速响应等优点，在柔性抓手、扬声器、主动振动抑制、泵/阀、触觉装置和高速移动机器人等领域有着广泛应用[9]。介电弹性体驱动器通常由两个柔性电极和夹在电极之间的介电弹性体（dielectric elastomer，DE）薄膜组成。在结构的厚度方向上给电极施加电压（通常为几千伏），介电弹性体薄膜会在高压电场引起的麦克斯韦应力作用下产生应变。清华大学刘辛军、赵慧婵团队设计并制备了一种柔性双腔室隔膜泵，如图 8-8（a）所示，该泵由空心柱状介电弹性体作为柔性泵的主动结构，柔性外壳作为被动结构，薄膜单向阀与前两者配合控制流体的流向[10]。该泵尺寸仅为 2.36 cm^3，能够输出 7.5 kPa 的背压或者以空载状态输出 340 mL/min 的流量，并成功将其用于驱动单自由度两栖爬行机器人，如图 8-8（b）所示。上海交通大学谷国迎团队提出了一种小型灵巧软机器人，如图 8-8（c）所示，由主动介电弹性体人工肌肉和可重构手性格状足组成，在单电压输入下可以在快速运动中实现即时可逆的正向、反向

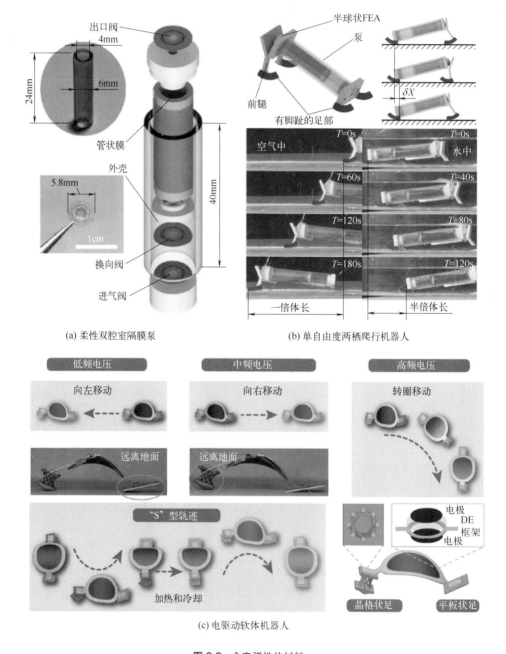

(a) 柔性双腔室隔膜泵   (b) 单自由度两栖爬行机器人

(c) 电驱动软体机器人

图 8-8　介电弹性体材料

和圆向变化[11]。采用该结构设计的电驱动软体机器人可以与智能材料结合，在外界刺激下通过形状重构实现多模态功能。通过实验证明，灵巧软体机器人可以到达平面上的任意点，形成复杂的轨迹，或者降低高度通过狭窄的隧道。为解决 DEA 外层的柔性电极易受到机械损伤和电损伤的难题，北京化工大学杨丹教授团队基于亚胺键和氢键，向聚二甲基硅氧烷（PDMS）中引入多巴胺修饰的碳纳米管（CNT-PDA），并采用对苯二甲醛进行交联，制备出具有自愈合性能的柔性电极，将其涂覆在丙烯酸酯介电弹性体上下表面，构筑成自愈合介电弹性体驱动器（SDEA）[12]。将多个 TENG-SDEA 集成为具有定向运动能力的仿人眼外肌驱动器，可以辅助眼球实现 8 个方向上的运动，如图 8-9 所示。即使受到机械损伤，仿人眼外肌驱动器的驱动位移仍能恢复至损伤前的 80％以上。

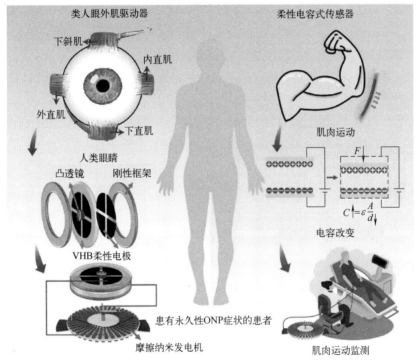

图 8-9　基于自愈合介电弹性体的仿人眼外肌驱动器

液压放大自愈式静电（hydraulically amplified self-healing electrostatic，HA-SEL）驱动器是一种融合介电弹性体驱动器和柔性流体驱动器两者优点，并克服其缺点的新型电响应柔性驱动器。HA-SEL 驱动器由聚合物薄膜外壳、外壳表面的电极和内部的液体电介质组成，如图 8-10（a）所示，当对驱动器施加电压（一般为 10 kV）时，产生的麦克斯韦应力作用在驱动器的壳体和液体电介质上，从而驱动液体电介质重新分布，导致驱动器发生变形[13]。得益于 HA-SEL 驱动器高输出力、高响应速度和高功率密度的优点，其在软体机器人领域有着广泛应用。林茨约翰·开普勒大学 M. Kaltenbrunner 课题组和马克斯·普朗克智能系统研究所 C. Keplinger 课题组基于各种可生物降解的聚合物薄膜、酯基液体电介质和注入 NaCl 的明胶水凝胶，创建完全可生物降解的高性能电液软驱动器，此外还构建了一个基于可生物降解软驱动器的机器人抓手[14]，如图 8-10（b）所示。这些可生物降解的致动器能够在高达 200 V/μm 的高电场下可靠地运行，显示出与不可生物降解驱动器相当的性能，并且可以承受超过 10^5 个驱动周期。德国马克斯·普朗克智能系统研究所 C. Keplinger 等人[15] 开发了一种 HA-SEL 仿水母机器人，如图 8-10（c）所示，实现了快速、无噪音驱动，反重力速度高达 6.1 cm/s，同时功耗只有大约 100 mW，并可进行多种水下作业，如接触式、非接触式物体操作和转向。重庆大学陈瑞和上海大学华严普的科研团队研发了一种基于 HA-SEL 驱动器的无腿跳跃软体机器人[16]，能够快速、连续、有方向地跳跃，如图 8-10（d）所示。这个重 1.1 g、长 6.5 cm 的系留跳跃软体机器人能够达到 7.68 倍身高的跳跃高度和 6.01 倍体长/s 的速度连续向前跳跃，并能够跳过许多障碍物。将两个执行机构组合在一起，可实现 138.4°/步的快速转弯。

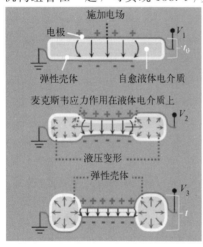

(a) HA-SEL 驱动器的基本工作原理

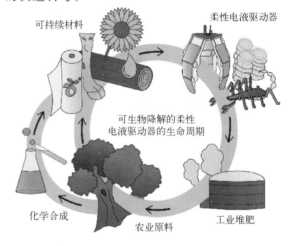

(b) 可生物降解的 HA-SEL 驱动器抓手

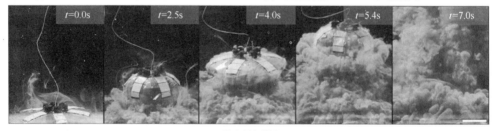

(c) 仿水母机器人

(d) 无腿跳跃软体机器人

图 8-10 HA-SEL 驱动器

8.3 仿生 4D 材料

新一轮技术革命正在创造历史性的机遇，催生了互联网＋、分享经济、3D 打印、4D 打印、智能制造等新理念、新业态、新技术、新方法，蕴含着巨大的发展潜力，这些都将直接推动新一轮科技成果的问世，产生不可估量的经济价值。目前，3D 打印制造技术如火如荼，人们利用 3D 打印技术制造出各种各样的产品，包括飞机、汽车、机械部件、房屋、食品、服装、人体组织与器官等。同时，在 3D 打印的基础上，2013 年，美国麻省理工的蒂比茨提出了 4D 打印技术，创造出了智能可编程材料，打印出的材料能够根据需求自适应变形，意义非常深远。

仿生 4D 打印智能材料是指通过形貌设计、理论计算和 3D 打印相结合，借助仿生智能材料和几何学的性质实现时间和空间维度的有效控制，即仿生智能材料在 3D 打印的基础上，通过外界环境的刺激，随着时间实现自身的结构变化。仿生 4D 打印制造技术开辟了制备自发变形架构产品的新方向，实现了生物结构到仿生智能制品的飞越，制备出其他技术无法比拟的新产品，它的出现，必将给制造业、建筑业及基础设施建设等领域带来翻天覆地的变化。

与传统的制造方式相比，4D 打印除了拥有 3D 打印的一些主要优势外，还具备很多其他重要特性。首先，它能直接把设计以编程的方式内置到打印机当中，使物体在打印后，从一种形态变成另一种形态，为物体提供了更好的设计自由度，实现了物体的自我变化和制造；其次，它能将多种可能的修正要素设定在打印材料的方案中，让物体在打印成型后，根据人们的想法驱动物体实现自我变形或对其完善和修正；第三，它能在进一步简化物体生产和制造过程的同时，使打印出的物体先具备极为简单的形状、结构和功能，然后通过外部激励或刺激，让它再变化为所需要的复杂形状、结构和功能；第四，它能使部件与物体本身结构的难易程度在制作时变得不再那么重要，并可在其中嵌入驱动、逻辑和感知等能力，让物体变形组装时无需设置额外的设备，大大减少了人力、物力和时间成本；第五，它能激发工程师和设计人员的想象力，并设计出多种功能的动态物体，之后再进行物质编程与打印制造，促进了"物质程序化"这一造物方式成为现实；最后，它能通过更有效的编程设计，将打印物体的数字文件由互联网发送到世界任何地点，克服了物体生产制造的空间限制，更好地实现了多样化物体的全球化数字制造。

目前，4D打印技术的成型方法包括立体光刻成型技术（SLA）、数字光处理技术（DLP）、熔融沉积技术（FDM）、聚合物喷射技术（PolyJet）及直写打印技术（DIW）等。与其他几种打印技术方法相比，直写打印技术具有可打印材料种类广泛、打印装置开放等优势，也是目前仿生4D打印材料最常用的制备方法。仿生4D打印材料的设计原则主要有两种技术路线：一是直接打印可变形材料，包括形状记忆聚合物、水凝胶、液晶弹性体、电活性等材料；二是在打印过程中将预置应力分布与材料分布巧妙组合，使打印结构在特定激励下释放应力，完成主动变形行为。仿生4D打印材料的感知驱动与复杂变形行为通常取决于新颖的仿生结构设计与智能材料的匹配结合，近年来，采用水凝胶、液晶弹性体、形状记忆聚合物等制备仿生4D打印材料的研究较为广泛。

例如，刺激响应型水凝胶是近年来仿生4D打印材料研究的热点方向，具有亲水性和生物相容性，并包括含大量水分子的交联聚合物网络，在环境激励下，主要依靠溶胀/收缩率的变化而展现出形状的变化。然而，常规的单组分水凝胶通常面临力学性能低的问题，这极大地限制了它们的应用。为了克服这个问题，研究者们已经开发了许多复合水凝胶以改善4D打印水凝胶的力学性能。美国哈佛大学的研究者受植物生长启发，采用由木浆纤维素制成的水凝胶与丙烯酰胺水凝胶，复合制成了花朵状材料，浸水后会长成类似兰花的4D花朵。这是由于丙烯酰胺水凝胶遇水后可膨胀产生变形，而不同排列方式的纤维素可限制物体变形方式，再加上专属数学模型用来引导4D物体的打印方式，便能产生预期的变形，如图8-11（a）所示[17]。中国科学院大学的研究者利用光固化的方法制造出了形状复杂且变形可控的仿生4D打印热响应型水凝胶，基于通过在水凝胶结构侧面引入二级微结构致使结构不对称膨胀进而引起变形的原理，形成了弯曲、扭转、模仿植物卷曲、花瓣、八爪鱼等复杂的变形，如图8-11（b）所示[18]。瑞士洛桑联邦理工学院的研究者开发了强韧双网络颗粒水凝胶的4D打印技术，在单体溶液中加入聚电解质基微凝胶（可在单体溶液中进行溶胀）形成墨水材料，不同组分的微凝胶混合并置于同一单体溶液中可形成多样化墨水，在经过4D打印后即可形成含有多种组分和特性的复杂结构。研究者成功打印了双层形貌渐变花朵结构，由于花朵的双层结构是由两种交联密度不同的微凝胶层组成的，因此在经过干燥或者水浸没处理后，花朵可实现重复折叠现象，如图8-12所示[19]。

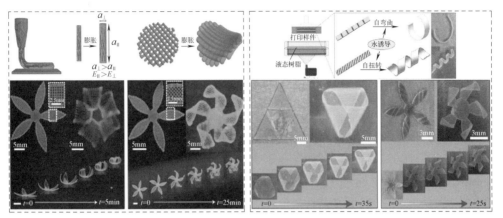

(a) 4D打印仿生花朵   (b) 4D打印扭转、卷曲结构材料

图 8-11 仿生 4D 打印水凝胶材料

图 8-12 仿生 4D 打印强韧双网络颗粒水凝胶

目前，实现 4D 打印的材料主要局限于水凝胶、形状记忆聚合物和液晶弹性体等智能软材料，而对于陶瓷类材料的 4D 打印仍存在诸多技术瓶颈。现有的陶瓷 4D 打印主要基于墨水直写工艺，且需模具实现结构预编程，效率和精度有待提高。数字光处理（DLP）技术是一种通过紫外光面投影成型的高精度 3D 打印技术，但将该技术用于陶瓷 4D 打印仍面临以下几个挑战：a. 缺乏具有大变形能力的光固化陶瓷弹性体树脂；b. 缺乏与陶瓷弹性体树脂匹配的光固化驱动材料；c. 缺乏可以一体化成型的陶瓷弹性体-驱动材料多材料 3D 打印技术和装备。南方科技大学葛锜教授与西安交通大学原超副教授研究团队提出了一种简单高效的陶瓷 4D 打印制造方法和设计策略，采用团队自主开发的 MultiMatter C1 型多材料光固化 3D 打印设备制造水凝胶-陶瓷弹性体层合结构，通过水凝胶失水驱动层合结构，由平面图案演化为复杂三维结构的陶瓷花，如图 8-13 所示，在无需额外形状编程的条件下实现陶瓷结构的直接 4D 打印。

(a) 水凝胶-陶瓷弹性体层 合结构打印示意图

(b) 三维结构陶瓷花朵的变形过程

图 8-13　仿生 4D 打印陶瓷材料

仿生 4D 打印技术与材料不仅推动了制造业的革新，而且有力助推了新型智能仿生产品的问世，加快了仿生学从形似向神似发展的步伐。不过，仿生 4D 制造技术与材料在实现以上种种畅想之前，仍有许多瓶颈和技术难题需要突破。

一是，如何开发出更多适用于 4D 打印技术的仿生智能材料。仿生 4D 制造技术的进步更多地依赖材料本身，主要取决于智能材料的发展。所谓仿生智能材料，是一种能感知外部刺激，能够判断并进行适当处理的新型功能材料，具有传感功能、反馈功能、信息识别与积累功能、响应功能、自我诊断能力、自我修复能力和超强适应能力。可以肯定的是，仿生 4D 制造技术研究和发展应用将对传统机械结构设计与制造带来深远的影响，但是，只有 4D 打印智能材料具有多样化特性，4D 打印技术的应用才能更加广泛，因此，开发更多可适合 4D 打印技术的仿生智能材料是目前面临的瓶颈难题。

二是，如何实现多样化激励模式下的更多形式的自适应响应。仿生 4D 制造技术除了对智能材料要求较高以外，还需要具备另一项非常关键的因素，那就是要有触发智能变形的"催化剂"。这一"催化剂"根据不同的制备材料，可以是水、光、热、磁、电、力、温度、湿度、声音、振动、气体等。制造出的仿生 4D 打印部件在外部刺激下，按需改变形状、属性甚至功能，响应模式也要更多样化。因此，面临的难题是如何使仿生 4D 打印的材料可以在面对不同激励时，能够做出与之相适应的多种自适应反应，使单一部件能够在不同工作条件实现按需变形，这将会为仿生 4D 打印材料带来更大的潜在应用价值。

8.4 仿生形状记忆材料

形状记忆材料是指具有初始形状的制品在特定条件下改变为临时形状并固定后，通过外界条件刺激（如热、电、磁、光、溶剂等）可恢复为初始形状的智能材料。因其具有变形可设计、多模式激励、远程可操控、结构易编程、相转变温度与弹性模量可调等优点，在航空航天、汽车交通、生物医疗、4D 打印、光电器件、浸润表面、传感驱动、柔性机器人、智能纺织、大健康等领域展现出了重要应用价值。

现今，航空航天、生物医疗、柔性机器人是形状记忆智能器件应用的重要领域，然而，随着这些领域国际竞争加剧及高度智能化发展趋势，对形状记忆智能器件的性能（功能、效能和形变精度等）提出了越来越高的要求。尽管传统形状记忆器件已具备智能变形能力，但仍存在体积大、变形精度与回复率低、形状单一、反复形变形状记忆衰减严重等瓶颈问题，严重限制了其发展应用。与此相比，生物结构与生俱有的轻巧、精准、高效的智能变形特征，为人工结构的高精度变形和大功效提升提供了天然蓝本。特别是 3D 打印制造技术的快速发展，使复杂形状仿生结构的制造成为可能。因此，发展仿生智能结构设计与形状记忆材料融合的仿生形状记忆材料，是形状记忆智能器件设计与制造突破瓶颈难题的重大机遇与挑战。

根据材料的属性，形状记忆材料可以分为形状记忆合金、形状记忆陶瓷与形状记忆聚合物。其中，合金类材料包括镍钛系合金、铜镍系合金、铜铝系合金、铜锌系合金、铁系合金等，在航空航天、医疗康复领域内的应用有很多成功的典范；陶瓷类材料包括氧化锆陶瓷、钙钛矿石类氧化物陶瓷、氧化铝陶瓷、氧化硅陶瓷等；聚合物类材料包括环氧树脂、苯乙烯、氰酸酯树脂、聚酰亚胺、聚乙烯、聚苯乙烯、聚丙烯酰胺等，在航空航天、生物医用器件、柔性机器人、柔性电子器件等领域都有着广泛的应用。

形状记忆聚合物是一种目前研究最为广泛的智能变形材料，在适当的外部刺激下，可以迅速地从临时形状转变为初始的永久形状。形状记忆聚合物的形状记忆效应起源于聚合物中的两个独立区域，即稳定的聚合物网络和可逆开关。稳定的聚合物网络由分子纠缠、晶相、化学交联或互穿网络形成，决定了聚合物的永久形状；可逆开关由结晶与熔融态转变、玻璃态转变、各向异性/各向同性转变、可逆化学交联或者超分子结构的缔合/解离组成，起到了固定临时形状的作用。形状记忆聚合物宏观变形过程可分为以下几个步骤：首先，需要一定的外部刺激条件，例如，温度敏感型形状记忆聚合物需要加热至高于转变温度 T_t，光敏感型形状记忆聚合物需要进行光照刺激，溶剂敏感型形状记忆聚合物需要浸泡入溶剂中等；其次，通过施加外力赋予聚合物所需的变形，赋予的形状可随意设计或根据实际应用进行设定，在形状赋予完成后，将形状记忆聚合物脱离外部环境的刺激，例如，温度敏感型形状记忆聚合物将其冷却至 T_t 以下，光敏感型形状记忆聚合物熄灭光源，溶剂敏感型形状记忆聚合物浸入纯净水中等，此时形成的固定形状称为临时形状；最后，将形状记忆聚合物再次处于一定的外部刺激条件下，形状记忆聚合物会自动恢复到初始形状，也就是永久形状。

与形状记忆合金和形状记忆陶瓷相比，形状记忆聚合物自身具有很大的优势，如密度低、质量轻、变形量大、耐应力性高、驱动方法丰富、玻璃化转变温度（T_g）可调节、制动模式可自由设计、更容易改性和加工等，这使形状记忆聚合物成为智能材料领域的研究热点。基于形状记忆聚合物的各项优势，其在各领域的应用十分广泛，如航空航天领域中的低冲击释放部件、大型空间可展开结构，医学领域中的缝合线、微创外科手术器械、植入式医疗设备、电子设备以及自组装结构等。这些应用有效解决了相应领域的瓶颈难题，充分显示了形状记忆聚合物的应用价值。

为了使形状记忆聚合物更符合各领域以及实际应用的情况，其变形模式也会根据实际情况进行改进和适应，不再仅仅是从一个临时形状变为永久形状的简单变形过程。最近，仿生新型智能结构与形状记忆材料的融合设计与应用加快了形状记忆聚合物变形模式与变形能效的发展。仿生形状记忆聚合物展现出了更加多样化的变形模式，可以完成各种应用中的不同需求。研究者在仿生双重形状记忆、仿生多重形状记忆、仿生自折叠结构和仿生形状记忆可逆变形材料方面做了大量的研究工作，并展示了其在相关领域的应用潜力。

在形状记忆聚合物变形过程中，由外力人为固定临时形状，受到刺激后自发地恢复为永久形状，在恢复过程中不能自主暂停此过程，且稳定状态仅有临时形状和永久形状，这种变形模式称为双重形状记忆。希伯来大学的研究者提出了一种基于高分辨率投影微立体光刻 4D 打印方法，用于打印基于光固化甲基丙烯酸酯仿生形状记忆聚合物，制备出了具有双重形状记忆效应的埃菲尔铁塔、血管支架和不同结构形状的仿生抓手，如图 8-14 所示[20]。浙江大学的研究者设计了一种同时包含热和光两种可逆键的结晶性聚合物网络，通过这两种共价键，给材料带来的固态塑性与双向形状记忆效应，实现了这一目标。研究者在结晶性聚己内酯体系中引入了热响应的酯键/氨酯键和光响应的硝基肉桂酯键两种可逆共价键。他们利用热可逆共价键带来的热致固态塑性改变材料的永久形状，构建软体机器人所需的复杂三维形状。同时，利用光高度的空间选择性，通过二次交联的策略，在材料特定区域固定分子取向实现区域化双向形状记忆变形来驱动软体机器人运动，如图 8-15（a）和（b）所示[21]。由于这两种可逆键互不干扰，研究者将机器人体系中所需的两种功能（三维形状支撑和可控复杂变形）在同一张聚合物薄膜中分步引入，从一张塑料片出发，无须组装即可构建出软体机器人体系，如图 8-15（c）所示。

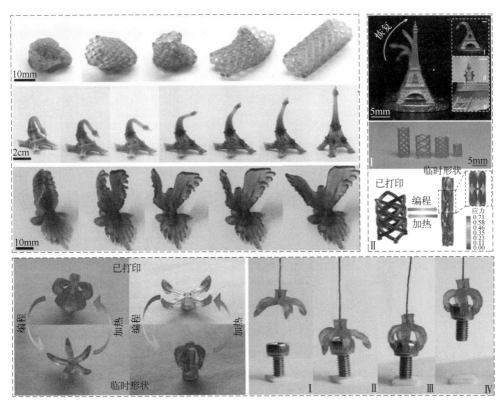

图 8-14　仿生双重形状记忆聚合物

双重形状记忆聚合物一般只具有一个可逆开关且只能固定一个临时形状，并通过一步形状变化恢复其永久形状。许多具体和复杂的应用则需要具有多个临时形状的形状记忆材料，实现多重可控的恢复以满足更多的要求，这为多重形状记忆聚合物的发展提供了动力。与双重形状记忆聚合物不同，多重形状记忆聚合物可以保持除原始形状和永久形状之外的一个或多个形状。多重形状记忆聚合物一般为复合材料，它可能具有多个可逆开关或具有一个宽范围的温度开关，一般多重形状记忆效应需要多个步骤的热机械编程才能实现。多种聚合物复合和交联结构是制造多重形

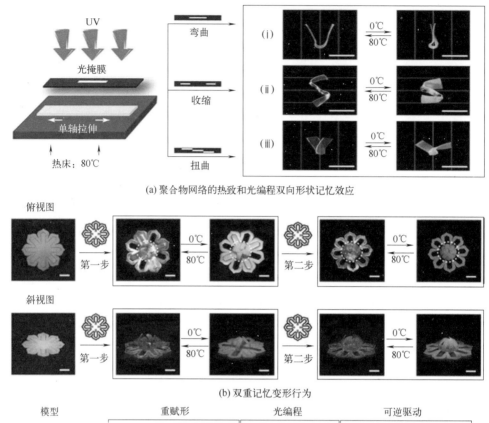

(a) 聚合物网络的热致和光编程双向形状记忆效应

(b) 双重记忆变形行为

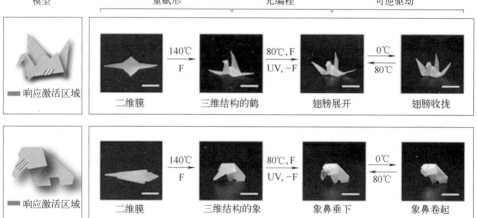

(c) 纸鹤与大象聚合物机器人双重记忆变形行为

图 8-15 光和热驱动双重记忆聚合物材料变形行为

状记忆聚合物的较为普遍的方法，这样可以将多个驱动条件整合到单一样品中。虽然以上各种方式实现了多个步骤的形状恢复效果，但是精确控制形状的恢复过程和保持临时形状的稳定仍然是一个巨大的挑战。

通常形状记忆效应需要在刺激驱动条件下人为地赋形后才能触发形状记忆效应，然而，对于一些空间结构和远程应用，通过人为外力产生折叠变形的操作难以实现。在这种情况下，自动折叠变形的功能变得尤为重要，自折叠结构触发形状记忆效应不需要外部操作赋予形状，而是将固有形式的其他能量转换为机械能，从而在驱动条件下折叠为所需形状或从所需形状展开。仿生自折叠形状记忆材料设计包括基于预应力的自折叠结构（如图 8-16 所示[22]）与基于复合材料的自折叠结构等。仿生自折叠形状记忆材料在空间系统、水下机器人、小型设备和自组装系统等领域有极大的应用前景。

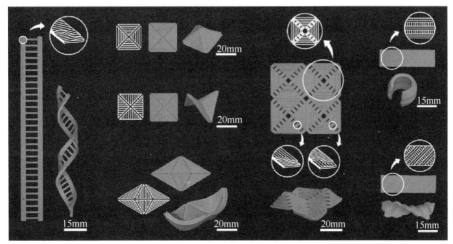

(a) 基本变形模式演示

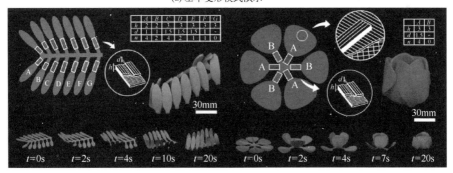

(b) 含羞草和郁金香顺序变形演示

图 8-16　仿生自折叠形状记忆材料

现今，形状记忆材料已经得到了全面的发展，在制造技术上，为了保证变形精度与实现复杂的变形结构，多采用与 3D 打印相结合的方式，这样既可以创建出复杂的仿生结构，还可以通过 3D 打印参数的设定对样件进行性能优化。同时，3D

打印技术还实现了多种形状记忆材料复合制备，这为不同的变形模式形状记忆材料的发展提供了更加便利的条件。在材料研发方面，虽然目前形状记忆聚合物种类较多，发展也较为成熟，然而，大多形状记忆聚合物在应用上还有诸多限制，如材料强度较弱、变形温度过高、变形速率较低等，因此，亟待开发适应复杂工况条件的新型形状记忆材料。在理论方面，如何基于形状记忆材料多模式变形机理，实现高精度变形调控、高速率变形、高效率回复、多模式变形方式等一体化提升，也是重要的研究方向。在应用方面，需要发展能够在极端工况、复杂工况、动态工况下服役的新型形状记忆聚合物，以满足当下科学与工程技术的发展需求。尽管多种变形模式的研究和制备拓宽了形状记忆材料的应用，但为了满足不同领域的应用需求，仍有许多问题需要深入地研究：

① 对于双重形状记忆进行更加复杂精细的结构制造和功能改性，使其实现多次变形后仍具有良好的固定率和回复率；

② 多重形状记忆效应需精确控制形状的恢复过程并保持形状的稳定，实现对变形应变、形状固定率和回复率的精确控制；

③ 自折叠结构需精准控制变形的角度和位置，使其更具通用性，从而满足各领域实际需求；

④ 可逆形状记忆材料中需引入功能性材料改善其力学性能和双向形状记忆性能，实现可逆变形过程中更加复杂的形态转换，以及减小往复变形中的形状残留等。

但不论何种变形模式，变形时能够迅速响应并且快速变形、实现局部区域变形的精确控制、对变形温度的调控、将多种功能整合到同一材料中相互作用、多重形状记忆、自折叠结构和形状记忆可多种变形模式相结合等都是本领域十分有价值的潜在研究方向。

8.5　仿生传感材料

传感材料亦指传感器材料，是指对声、光、电、磁、热等信号的微小变化反应出高灵敏应答的功能材料，以及制造传感器所需的结构材料，主要包括半导体、金属、复合材料等。仿生传感器则是近年来生物医学和电子学、工程学相互渗透而发展起来的一种新型的信息技术，仿生材料的独特性能，使其在传感领域的应用非常广泛。如因仿生材料具有优异的生物相容性、生物仿生性和生物与非生物相互作用性，已被广泛应用于生物传感器领域；仿生材料通过模拟自然材料的化学反应过程，制造出具有化学传感功能的材料，广泛应用于气体传感器、液体传感器等化学领域；仿生材料通过模仿自然材料的结构和力学性能，制造出具有机械传感功能的材料，广泛应用于力敏器、形状记忆材料等机械领域。随着仿生材料的应用不断扩展，人们对其应用在传感领域的研究也越来越深入。目前纳米传感器、生物和非生物相互作用及仿生机器人方面是研究的热点。其中智能传感材料更是热点中的热点，已在 5G 通信、人工智能、大数据、云计算、物联网、先进机器人、无人驾驶、智能制造、智慧交通、智慧医疗以及促进经济高质量跃迁和建设未来智能社会中担当着重要角色。

在过去的十年中，出现了一种崭新的压力和拉力感应方式，即柔性传感器。其除了具有对动、静态刺激的响应和薄而灵活的设备架构外，还具有高分辨率、可变形、可拉伸、质量轻、共形能力良好等优点。将压力和拉力输入转换为电信号的传感器是柔性电子家族的重要组成部分，并且已经发展成为一个结合了材料科学、设备和系统工程以及信号处理的多学科领域，包括新兴的人工智能技术。

与传统的硅基电子产品相比，柔性电子产品对不同类型的基材具有很强的适应性，无论是软的还是硬的，平面的还是弯曲的。这种独特的优势引起了学术界对柔性电子学的广泛兴趣，并开发了各种应用，如发光二极管（LED）、电池、天线和传感器等[23-26]。最近的研究发现，与人体集成的柔性传感器可以提供强大的诊断和治疗能力，如佩戴在喉咙上的柔性传感器可以连续测量和评估 COVID-19[27] 患者咳嗽和呼吸的频率。不仅如此，因其具有卓越的灵活性和适应性，柔性传感器的应用领域非常广泛（如图 8-17 所示），如应用在医疗保健[29-31]、人机接口[32-34]、机器人[35-37]、传感器[38,39]、执行器[40]、生物电子[41] 等领域。

图 8-17 柔性传感器在各个领域中的广泛应用[28]

柔性传感器的制备材料选择十分重要。虽然柔性传感器的制备方法有所不同，但是在器件结构上基本由下面四个部分组成：柔性基底、柔性电极、敏感材料和封装层。其中，柔性基底起到支撑和载体的作用，柔性电极用来传输电阻信号，敏感材料用来提高传感器的灵敏度。基底层材料需要具备薄膜性、变形性、绝缘性、廉价性和稳定性。常用的基底层材料包括聚二甲基硅氧（polydimethylsiloxane，PDMS）、水凝胶、聚对苯二甲酸乙二醇酯（polyethylene terephthalate，PET）、聚酰亚胺（polyimide，PI）和聚萘二甲酸乙二醇酯（polyethylene naphthalate，PEN）等。

人类的表皮是我们最大、最古老的感觉器官，它拥有大量的触觉接收器，包括对各种外部刺激的感知，如压力、应变、温度、湿度、振动和滑动等。这种能力主要归功于四个功能性机械感受器，缓慢适应的两种机械感受器 SA-I、SA-II 用于静态（<5Hz）力检测，快速适应的两种机械感受器 FA-I、FA-II 用于动态（5～400Hz）力检测。为了实现智能机器人和可穿戴电子设备的机械力感知，已发展了基于压阻式、电容式、摩擦起电式和压电式等机制的触觉传感器。其中，压电柔性触觉传感器具有快速响应动态力检测的优势，因此被广泛用于模拟人体皮肤中的 FA-I、FA-II 机械感受器。然而，与使用硅、陶瓷和玻璃作为基板的基于刚性材料的触觉传感器相比，柔性触觉传感器的灵敏度和响应速度通常受到弹性基板的天然黏弹性的限制，因为它会吸收部分机械能。厦门大学和香港城市大学的研究者受到动物和人类手指（骨骼和肌肉镶嵌）结构的启发，报道了一种超高敏感度的压电触觉传感器[42]。该传感器使用刚柔混合传力层与软底层相结合的方式，克服了传统压电柔性触觉传感器的动态灵敏度限制，如图 8-18 所示。这种刚柔混合触觉传感器（RSHTS）具有 346.5pC/N 的超高灵敏度、5～600 Hz 的宽响应带宽和 0.009～4.3 N 的宽力响应范围。此外，该刚柔混合触觉传感器（RSHTS）还可以实现对多个力方向的实时检测。基于刚柔混合触觉传感器（RSHTS）的机器人手，可以用来检测冲击力和监测倒水的过程，这显示了刚柔混合触觉传感器（RSHTS）在帮助机器人实现高灵巧性操作方面的巨大潜力。

自然界中有大量的精细结构，动植物的微观结构在长期的进化过程中不断完善。受这些微观结构的启发，许多科学家将仿生学应用于基于动植物独特微观结构的柔性传感器中。研究表明，在柔性基底上设计和制造微结构是提升柔性传感器灵敏度的一种有效方法。常用的微结构制造方法是在设计良好的硅模具或激光蚀刻模具上铸造，可以获得金字塔阵列、微柱阵列、微圆顶阵列等微结构。另一种常用的方法是植物模板方法，可以获得芦荟叶、荷叶和玫瑰花等微结构。植物在自然界中经过近亿万年的进化，拥有各种尺寸、均匀分布并且伴有分级的表面微结构，以这些结构为基础，可以设计出性能更加优越的表面微结构。在低压范围内，这些微结构可以有效地集中负载，导致与负载的接触面积迅速增加，从而大大提高了灵敏度，如图 8-19 所示[43]。

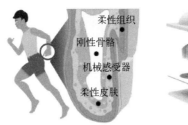
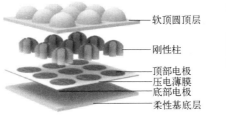

(a) 人体和手指解剖结构的图解

(b) 手指启发的刚柔混合压电触觉传感器阵列

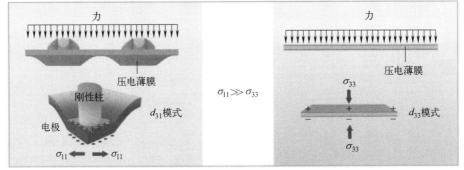

(c) 该触觉传感器与现有的压电触觉传感器之间的压电薄膜
变形和工作模式的差异。蓝色表示压电薄膜的应力分布

(d) 3×3制造的RSHTS阵列的照片

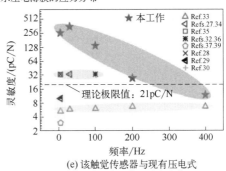

(e) 该触觉传感器与现有压电式
触觉传感器的灵敏度比较

图 8-18 RSHTS 的概念、结构和传感性能

　　如今，各式各样的传感器被广泛应用于生活中的各个领域，尤其是可感知微小机械信号并易于适应许多不规则表面的柔性应变传感器，对于人、机器或建筑物的健康监测、早期检测和故障预防具有重要的价值。在实际应用中，非常需要对来自各个方向细微和异常的振动进行检测，初步判断它们的方向以消除潜在危险。然而，由于材料各向异性的机械/电学特性和微/纳米结构，柔性应变传感器很难同时实现超灵敏度和全方位传感。就触觉而言，动物的皮肤、毛发等都是特殊的，能帮助动植物获得更好的感知能力，并帮助它们在残酷的环境中生存至今。例如，蝎子的视力非常有限，对猎物的定位主要依赖于对振动和化学信息的感知。为了探测土壤介导的振动，蝎子依赖于狭缝感器（slit sensilla），狭缝感器是位于步足跗节上

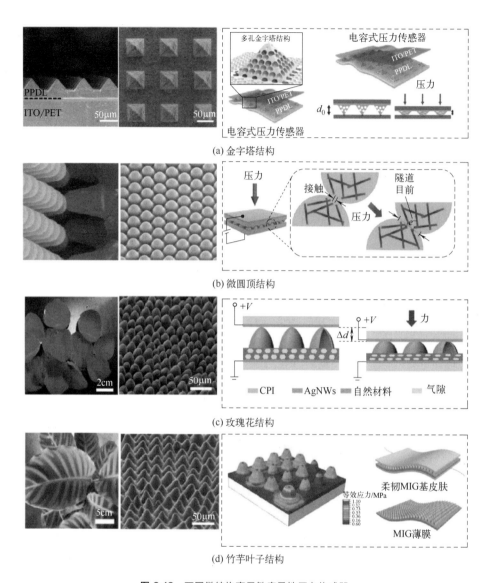

(a) 金字塔结构

(b) 微圆顶结构

(c) 玫瑰花结构

(d) 竹芋叶子结构

图 8-19 不同微结构高灵敏度柔性压力传感器

的机械感受器，而栉器上的化学-机械感受器也能用于探测化学信息。吉林大学和美国宾夕法尼亚大学的研究者受到蝎子使用带有扇形凹槽的狭缝感应器官在空间上全方位检测微妙振动的启发，设计了一种仿生柔性应变传感器，如图 8-20 和图 8-21 所示[44]。该传感器由围绕中心圆排列的弯曲微槽组成，具有超过 18000 个前所未有的应变系数以及超过 7000 次循环的稳定性。无论传感器安装角度如何，它都可以感知和识别不同位置的不同输入波形的振动、自由落体珠子的弹跳以及人类的手腕脉搏。此几何设计可以转化为其他材料系统，用于包括人体健康监测和工程故障检测在内的潜在应用。

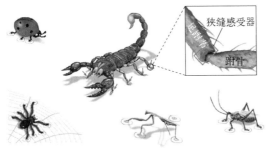
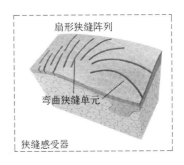

(a) 蝎子超灵敏全方位振动感应功能示意图　　　　(b) 仿生柔性应变传感器的结构设计

图 8-20　蝎子超灵敏全方位振动感应功能示意图

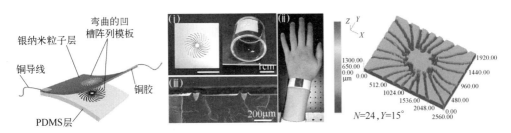

图 8-21　仿生柔性应变传感器的结构设计

　　自然界中的生物，经过几十亿年的进化，呈现出最精妙的纹理形态、最精巧的复合微结构和最高效的作用方式，这些为人类的发明创造提供了源源不断的灵感。这些生物特有的复杂微结构不仅能代替人工制造的金属模具，而且往往能非常简洁地实现结构与功能一体化，甚至是一种结构兼顾多种功能。向大自然学习，将生物体中的材料、结构和蕴含的功能性原理加以借鉴和应用，从而开发新型高性能的柔性传感器。好好利用自然界为我们开启的这扇能够可靠、高效、经济地解决问题的方法之门。

　　为了满足仿生柔性传感器日益增长的需求，可以通过仿生手段引入生物多级微结构改进以下关键性能参数：灵敏度、测量范围、响应时间、松弛时间和检测极限。为了满足皮肤表面复杂的触觉感知功能，可以通过仿生手段引入生物多级微结构实现同时测量不同类型力的参数，实现力的多模态监测。

　　在生物技术、材料科技及仿生技术等系统集成技术的不断支持下，今后的新型仿生传感器将是微型智能生物仿生系统，模拟身体功能的嗅觉、味觉、听觉、触觉仿生传感器将出现，有可能超过人类五官的能力，完善机器人的视觉、味觉、触觉和对目的物进行操作的能力。同时，在仿生技术不断发展的带动下，人类能够模拟生物特性的种类会不断扩大，这些都将会促使仿生传感器无论是从种类还是从性能上均有较大的提高，并且这些新型的仿生传感系统将大量用于各种智能机器人的设计与研发当中，在国防、医学制药、食品检验、工业等关系国计民生的领域发挥突出的作用。

参考文献

[1] Harrington M J，Razghandi K，Ditsch F，et al. Origami-like unfolding of hydro-actuated ice plant seed capsules [J]. Nature Communications，2011，2：337.

[2] Erb R M，Sander J S，Grisch R，et al. Self-shaping composites with programmable bioinspired microstructures [J]. Nature Communications，2013，4：1712.

[3] Zhao C，Ren L，Liu Q，et al. Morphological and confocal laser scanning microscopic investigations of the adductor muscle-shell interface in scallop [J]. Microscopy Research and Technique，2015，78 (9)：761-770.

[4] Wang C，Sim K，Chen J，et al. Soft ultrathin electronics innervated adaptive fully soft robots [J]. Advanced Materials，2018，30 (13)：1706695.

[5] Mu J，Wang G，Yan H，et al. Molecular-channel driven actuator with considerations for multiple configurations and color switching [J]. Nature Communications，2018，9：590.

[6] Hu Y，Liu J，Chang L，et al. Electrically and sunlight-driven actuator with versatile biomimetic motions based on rolled carbon nanotube bilayer composite [J]. Advanced Functional Materials，2017，27 (44)：1704388.

[7] Du X，Cui H，Zhao Q，et al. Inside-out 3D reversible ion-triggered shape-morphing hydrogels [J]. Research，2019，2019：6398296.

[8] Ma S，Zhang Y，Liang Y，et al. High-performance ionic-polymer-metal composite：toward large-deformation fast-response artificial muscles [J]. Advanced Functional Materials，2020，30 (7)：1908508.

[9] Tang C，Du B，Jiang S，et al. A review on high-frequency dielectric elastomer actuators：Materials，dynamics，and applications [J]. Advanced Intelligent Systems，2024，6 (2)：2300047.

[10] Jiang S，Tang C，Dong X，et al. Soft pocket pump for multi-medium transportation via an active tubular diaphragm [J]. Advanced Functional Materials，2023，33 (50)：2305289.

[11] Wang D，Zhao B，Li X，et al. Dexterous electrical-driven soft robots with reconfigurable chiral-lattice foot design [J]. Nature Communications，2023，14：5067.

[12] Liu Y，Yue S，Tian Z，et al. Self-powered and self-healable extraocular-muscle-like actuator based on dielectric elastomer actuator and triboelectric nanogenerator [J]. Advanced Materials，2024，36 (7)：2309893.

[13] Rothemund P，Kellaris N，Mitchell S K，et al. HASEL artificial muscles for a new generation of lifelike robots—recent progress and future opportunities [J]. Advanced Materials，2021，33 (19)：2003375.

[14] Rumley E H，Preninger D，Shagan A S，et al. Biodegradable electrohydraulic actuators

for sustainable soft robots [J]. Science Advances, 2023, 9 (12): eadf5551.

[15] Wang T, Joo H J, Song S, et al. A versatile jellyfish-like robotic platform for effective underwater propulsion and manipulation [J]. Science Advances, 2023, 9 (15): eadg0292.

[16] Chen R, Yuan Z, Guo J, et al. Legless soft robots capable of rapid, continuous, and steered jumping [J]. Nature Communications, 2021, 12: 7028.

[17] Gladman A S, Matsumoto E A, Nuzzo R G, et al. Biomimetic 4D printing [J]. Nature Materials, 2016, 15 (4): 413-418.

[18] Ji Z, Yan C, Yu B, et al. 3D printing of hydrogel architectures with complex and controllable shape deformation [J]. Advanced Materials Technologies, 2019, 4 (4): 1800713.

[19] Hirsch M, Charlet A, Amstad E. 3D printing of strong and tough double network granular hydrogels [J]. Advanced Functional Materials, 2021, 31 (5): 2005929.

[20] Zarek M, Layani M, Cooperstein I, et al. 3D printing: 3D printing of shape memory polymers for flexible electronic devices [J]. Advanced Materials, 2016, 28 (22): 4166-4166.

[21] Jin B, Song H, Jiang R, et al. Programming a crystalline shape memory polymer network with thermo-and photo-reversible bonds toward a single-component soft robot [J]. Science Advances, 2018, 4 (1): eaao3865.

[22] Manen T V, Janbaz S, Zadpoor A A. Programming 2D/3D shape-shifting with hobbyist 3D printers [J]. Materials Horizons, 2017, 4 (6): 1064-1069.

[23] Xu H, Yin L, Liu C, et al. Recent advances in biointegrated optoelectronic devices [J]. Advanced Materials, 2018, 30 (33): 1800156.

[24] Amjadi M, Kyung K U, Park I, et al. Stretchable, skin-mountable, and wearable strain sensors and their potential applications: A review [J]. Advanced Functional Materials, 2016, 26 (11): 1678-1698.

[25] 刘立武, 赵伟, 兰鑫, 等. 智能软聚合物及其航空航天领域应用 [J]. 哈尔滨工业大学学报, 2016, 48 (05): 1-17.

[26] 赵发刚, 冯彦军, 范凡, 等. 卫星复合材料结构在轨健康监测方法 [J]. 科技导报, 2016, 34 (08): 15-17.

[27] Sanderson, K. Electronic skin: from flexibility to a sense of touch [J]. Nature, 2021, 591 (7851): 685-687.

[28] Liu X, Wei Y, Qiu Y. Advanced flexible skin-like pressure and strain sensors for human health monitoring [J]. Micromachines, 2021, 12 (6): 695.

[29] Yang Y, Pan H, Xie G, et al. Flexible piezoelectric pressure sensor based on polydopamine-modified $BaTiO_3$/PVDF composite film for human motion monitoring [J]. Sensors and Actuators A: Physical, 2020, 301: 111789.

[30] Sharma S, Chhetry A, Sharifuzzaman M, et al. Wearable capacitive pressure sensor based on MXene composite nanofibrous scaffolds for reliable human physiological signal acquisition

[J]. ACS Applied Materials & Interfaces，2020，12（19）：22212-22224.

[31] Lin Y A，Zhao Y，Wang L，et al. Graphene K-tape meshes for densely distributed human motion monitoring [J]. Advanced Materials Technologies，2021，6（1）：2000861.

[32] Zhang H，Han W，Xu K，et al. Stretchable and ultrasensitive intelligent sensors for wireless human-machine manipulation [J]. Advanced Functional Materials，2021，31 （15）：2009466.

[33] Makushko P，Mata E S O，Bermúdez G S C，et al. Flexible magnetoreceptor with tunable intrinsic logic for on-skin touchless human-machine interfaces [J]. Advanced Functional Materials，2021，31（25）：2101089.

[34] Nie B，Huang R，Yao T，et al. Textile-based wireless pressure sensor array for human-interactive sensing [J]. Advanced Functional Materials，2019，29（22）：1808786.

[35] Xie M，Zhu M，Yang Z，et al. Flexible self-powered multifunctional sensor for stiffness-tunable soft robotic gripper by multimaterial 3D printing [J]. Nano Energy，2021，79：105438.

[36] Hsiao L Y，Jing L，Li K，et al. Carbon nanotube-integrated conductive hydrogels as multifunctional robotic skin [J]. Carbon，2020，161：784-793.

[37] Schmidt O G. Nanomembranes：from e-skin technologies to reconfigur able microrobotics [C]. Hangzhou：ICFE 2019，2019.

[38] Zhu M，Sun Z，Chen T，et al. Low cost exoskeleton manipulator using bidirectional triboelectric sensors enhanced multiple degree of freedom sensory system [J]. Nature Communications，2021，12：2692.

[39] Shrivas K，Ghosale A，Bajpai P K，et al. Advances in flexible electronics and electrochemical sensors using conducting nanomaterials：A review [J]. Microchemical Journal，2020，156：104944.

[40] Wang H S，Hong S K，Han J H，et al. Biomimetic and flexible piezoelectric mobile acoustic sensors with multiresonant ultrathin structures for machine learning biometrics [J]. Science Advances，2021，7（7）：eabe5683.

[41] Kim J，Campbell A S，de Ávila B E F，et al. Wearable biosensors for healthcare monitoring [J]. Nature Biotechnology，2019，37（4）：389-406.

[42] Zhang J，Yao H，Mo J，et al. Finger-inspired rigid-soft hybrid tactile sensor with superior sensitivity at high frequency [J]. Nature Communications，2022，13：5076.

[43] Guo Y，Wei X，Gao S，et al. Recent advances in carbon material-based multifunctional sensors and their applications in electronic skin systems [J]. Advanced Functional Materials，2021，31（40）：2104288.

[44] Liu L，Niu S，Zhang J，et al. Bioinspired，omnidirectional，and hypersensitive flexible strain sensors [J]. Advanced Materials，2022，34（17）：2200823.

第 **9** 章

结论与展望

　　材料是人类文明的基础和支柱。历史学家曾用材料来划分人类进化史上不同的时代，石器时代、陶器时代、铜器时代、铁器时代等因此而得名。材料科学的发展见证着人类社会的进步。

　　仿生材料是一种新型的功能材料，是建立在自然界原有材料、人工合成材料、有机高分子材料基础上的可设计智能材料。仿生材料的最大特点是可设计性，人们可提取出自然界的生物原型，探究其功能性原理，并通过该原理设计出能够有效感知到外界环境刺激并迅速做出反应的新型功能材料。作为 21 世纪发展新材料领域的重大方向之一，仿生材料的研究将融入信息通信、人工智能、创新制造等高新技术，逐渐使传统意义上的结构材料与功能材料的分界消失，实现材料的智能化、信息化、结构功能一体化。

　　仿生材料的出现将成为材料发展历史的又一座里程碑。如何低成本、高效率地制造出新型仿生材料将是其能否继续快速发展的关键问题，目前，制造仿生材料的核心理念为：借鉴自然界生物体与生物材料的结构自适应、界面自清洁、界面自感知、能量自供给与转化的基本原理，发展仿生新型结构材料、新型智能界面材料、新型物质能量转化材料，为现有装备设备的改进改型提供材料的保障与支撑。因此，仿生材料对于推动材料科学的发展与人类社会文明的进步具有重大的意义。

　　材料作为当前新技术革命的支柱产业，受到世界各个国家的重视，而这些仿生材料更是材料科学的重要组成部分，尤其是仿生高性能材料的研发极大地促进了材料科学的发展。目前，仿生材料在食品工业、航空航天、建筑行业、生物医疗、信息通信、节能减排等诸多领域已经实现初步应用，成为材料科学研究的一个热点。例如，模仿甲虫鞘翅结构设计的建筑混凝土夹芯板、模仿蜂巢设计的蜂窝泡沫橡胶、模仿变色龙设计的柔性变色皮肤、模仿鲨鱼盾鳞结构设计的防污减阻材料等。尤其是随着生物医用材料市场的不断发展，仿生材料在生物医用材料方面的实际应用也越来越受到重视。工程师和科学家们更期待未来可以实现由生物材料定向生产制造仿生材料，多种基于仿生材料的人工组织、人工器官、智能植入式诊疗器件等将在医疗领域发挥重要作用。

当前，我国在很多高新技术领域被国外"卡脖子"，其实很重要的一个方面就是关键材料被"卡脖子"。因此，师法自然，向自然界材料学习，将材料与自然结合起来，设计新材料，瞄准从0到1的原始创新，是解决材料方面"卡脖子"问题的有效手段之一。但是，受限于现有材料合成方法，仿生材料在微观结构的复杂程度方面仍与天然材料存在差距，这导致人工合成的仿生材料结构相对简单，无法复制很多复杂的几何结构，研究仍然是停留在形似的面上，这在一定程度上限制了仿生材料的性能。同时，大规模的宏量制备和小规模的实验室制备是完全不同的物理和化学过程。当前仿生材料大多仅能实现以研究为目的的实验室小规模生产，而无法进行同质化大批量工业生产，因此，在保证仿生材料组分、结构与功能等一致性和稳定性条件下，如何宏量制备仿生材料是其发展的基础科学问题，这也为仿生材料的设计合成提出了更高的挑战。

目前，仿生材料的发展为人类解决诸多工程"卡脖子"带来了灵感。例如，仿照猪笼草等植物的表皮结构制备的润滑液浸渍涂层，可实现材料的智能修复及愈合，解决了材料在服役期间不可避免地会产生微裂纹和损坏的问题。仿鲨鱼盾鳞结构所开发的防污减阻材料，对于飞行器的设计至关重要，是实现飞行器提速、延长飞行器续航时间、减少飞行器燃料损耗的关键一环。天然蜘蛛丝具有高强高韧特性，但难以批量生产，通过构建天然蜘蛛丝蛋白基因和生物工程手段，对蛋白进行表达和生产，从而获得天然蜘蛛丝的蛋白原料，再经过加工可获得高强高韧的人造蛛丝。

未来，仿生新材料的发展，要顺应国家发展战略，产学研相结合，不断推陈出新，满足新型高新技术产业发展的需求，将仿生科学与微生物学、工程学、细胞学、理化科学等学科紧密结合起来，精确地构建多尺度宏观/微观结构，实现材料的结构功能一体化。

未来，仿生材料将向着智能化、数字化方向发展，对于仿生材料的展望如下。

(1) 生物材料的研究

应尽早突破生物材料结构与功能表征等关键技术，揭示典型生物材料卓越性能的内在规律，建立出性能与功能仿生的设计模板。生物材料作为材料仿生学研究的核心内容，已成为近年来研究的热点之一，其独特的结构和功能，可以为人类提供各种仿生学的应用。例如，基于仿生纤维素制备的勾脱纤维素材料，广泛应用于生物医药领域，用于治疗心脏瓣膜缺陷、肿瘤、心血管疾病等。

(2) 宏观与微观仿生材料相结合

随着技术的发展，宏观与微观仿生材料相结合的研究，也成为了近年来研究的热点之一。通过两者结合，可以在仿生材料的强度、韧性、屈服点等方面实现更为稳健的效果。例如，通过将微米或纳米材料与宏观材料结合，可以实现对仿生材料感知、应力分布等方面的优化。

（3）典型极端环境仿生材料制备方法

面向国家重大需求，发展典型极端环境（如超轻、抗电磁、低频隐身等）仿生材料的制备方法。研制出满足未来装备智能化、无人化发展的环境敏感响应材料；针对不同应用场景、环境等因素，研发出具有自感知、自适应、自修复能力的新材料。

（4）材料数据分析的仿生学应用

材料数据分析是材料仿生学的另一个新兴领域。该领域通过运用大数据、机器学习等技术，从仿生角度对材料的制备、加工、性能等进行综合分析。例如，通过使用神经网络等技术，可以自动化地对仿生材料的性能进行预测。

从自然界获得启示，将结构与功能的协同互补有机结合，必能创造出多种新型的仿生材料。未来，对于仿生材料的研究将更加向着"认识自然、模仿自然、超越自然"的目标前行。可以预见，等待我们的将是一个丰富多彩、应用广泛的仿生材料体系。